W0197380

MATHEMATIK

MATHEMATIK

100 KONZEPTE

MARIANNE FREIBERGER
UND RACHEL THOMAS

Librero

Titel der Originalausgabe: *Maths Squared*

Postbus 72, 5330 AB Kerkdriel, Niederlande

Herausgeber: Kerry Enzor
Redaktion und Design: Pikaia Imaging
Redakteurin: Anna Southgate
Design: Dave Jones
Illustration: Tim Brown
Produktionsleitung: Zarni Win

Übersetzung aus dem Englischen:
Anita Weinberger-Schwendenwein, Wien
Redaktion und Satz der deutschen Ausgabe: Print Company Verlagsges.m.b.H., Wien

Printed in China

ISBN: 978-90-8998-811-9

Inhalt

Einleitung

Seit dem Beginn der Zivilisation beschäftigten sich Menschen mit Mathematik – vom Aufteilen der Jagdbeute bis zum Zählen der Kinder, oder beim Bau von geschützten Unterkünften. Wie andere intelligente Wesen haben wir einen angeborenen Sinn für Zahlen und Formen, die für unser Überleben wichtig sind.

Über die Jahrtausende wurde die Mathematik zu weit mehr als einem einfachen Werkzeug. Heute ist sie die Sprache der Wissenschaft, treibt unsere digitale Welt an und erlaubt atemberaubend realistische Computerspiele oder Filme. Sie führt uns in den Weltraum und ermöglicht die Entwicklung hoch spezialisierter medizinischer Geräte. Wann immer wir etwas Kritisches bewerten sollen – sei es die Wirkung eines Medikamentes oder die Auswirkungen politischer Entscheidungen – greifen wir auf die Mathematik zurück. Warum allerdings die Mathematik die Welt in der wir leben, so wirkungsvoll beschreiben und erklären kann, bleibt ein Rätsel. Tatsache ist, dass, wann immer man versucht, visuelle, physikalische oder mentale Muster und Formen zu beschreiben oder zu untersuchen, wendet man über kurz oder lang mathematische Gedanken an – oft ohne sich dessen bewusst zu sein.
Aber das ist nur die halbe Geschichte. Für sich allein genommen, ist die Mathematik eine Sprache von profunder Schönheit. Wie ein Musikstück richtet sie sich nach den Rhythmen der Logik, um ihre eigenen hypnotischen Strukturen zu weben. Viele Mathematiker ergötzen sich allein an dieser Schönheit,

Ein Werk der Schönheit: Das Hekatonikosachoron (regulärer 120-Zeller) ist ein vierdimensionales Gegenstück zum Dodekahedron. In seiner Vierdimensionalität können wir es nicht abbilden. Das Bild zeigt seine Projektion in den dreidimensionalen Raum.

ohne groß auf die Anwendungen zu achten, zu welchen ihre Entdeckungen führen könnten. Im Gegensatz zur landläufigen Meinung ist die Mathematik ein dynamisches, sich ständig änderndes Feld, in dem noch vieles zu entdecken bleibt.

Im vorliegenden Buch bieten wir Ihnen 100 Konzepte, die Sie, wie wir annehmen, gerne kennen würden – manche sind nützlich, andere interessant, schön oder einfach kurios. Der Weg führt Sie von den Grundlagen der Mathematik – Zahlen und Formen – zu tückischen Formen der Geometrie, höheren Bereichen der Logik und den Ausdehnungen der Unendlichkeit. Wenn Sie so wollen: ein Degustationsmenü mit den besten Zutaten und Präparaten, die die Mathematik zu bieten hat.

Jedes der zehn Kapitel ist eine Einführung in ein mathematisches Konzept, unterteilt in zehn kurze, aber schmackhafte Bissen. Das erste Thema ist leicht verdaulich – etwas Vertrautes wie einfache Dreiecke. Das letzte Thema jedes Kapitels ist etwas zum Genießen: ein wichtiges Ergebnis oder Ereignis, das die Grenzen des mathematischen Wissens aufzeigt; unter anderem wichtige ungelöste Probleme – einige davon verfolgten Mathematiker über Jahrhunderte; wichtige Beweise, wie Grigori Perelmans Beweis der Poincaré-Vermutung, 2003; und mathematische Theorien wie Einsteins Allgemeine Relativitätstheorie.

Seien Sie versichert, jeder einzelne Bissen kann in wenigen Minuten verdaut werden. Es ist unser Ziel, dass Menschen das Fach schätzen lernen, das wir dankenswerter Weise tagtäglich genießen dürfen, und wir hoffen, dass diese schmackhaften Bissen Ihren Appetit anregen, sich mehr um die Mathematik zu bemühen und sie zu erforschen. *Bon appétit!*

Die Themen dieses Buches sind unter anderem (illustriert von oben nach unten und von rechts nach links): Tapetenmuster; Peano-Axiome; Mächtigkeit; Hyperbeln; hyperbolische Geometrie; Schmetterlingseffekt; Zufall; Axiomensysteme; und π (*Pi*).

ZAHLEN

Wenn wir an Mathematik denken, sind Zahlen das Erste, was uns in den Sinn kommt. Die meisten von uns lernen die Zahlen eins, zwei, drei ... in den ersten Lebensjahren. Unsere erste Berührung mit Mathematik ist, diese Zahlen addieren, subtrahieren, multiplizieren und dividieren zu lernen.

In diesem Kapitel reisen wir entlang der Zahlengerade. Wir erfahren, dass die Zahl Null, für uns selbstverständlich, eine relativ neue Erfindung ist; dass unsere Art, Zahlen zu schreiben – die uns so vertraut ist, dass wir sie kaum je beachten – eigentlich unglaublich klug ist; und wie Potenzen es ermöglichen, sehr große und sehr kleine Zahlen zu schreiben und damit zu rechnen.

Das Kapitel betrachtet auch eine spezielle Klasse von Zahlen, die Primzahlen: nur durch sich selbst und durch die Zahl 1 teilbar.

Fortsetzung umseitig

In gewissem Sinne stellen die Primzahlen die DNA aller Zahlen dar. Es ist also nicht erstaunlich, dass Mathematiker sie lieben. Sie sind dauernd auf der Jagd nach immer größeren Primzahlen, die noch niemand entdeckt hat, und verbringen viel Zeit damit, herauszufinden, wie sie zu den anderen Zahlen stehen. Eines der größten ungelösten mathematischen Probleme steht in Beziehung zu Primzahlen – zwei davon, werden wir in diesem Kapitel behandeln.

Das Kapitel beschränkt sich jedoch nicht auf natürliche Zahlen, sondern behandelt auch Brüche sowie negative, irrationale, komplexe und andere Zahlen im Laufe der betreffenden Kapitel, indem wir die ihnen eigenen verborgenen Muster und Strukturen aufdecken.

Inhalt
1.1 Die Zahlengerade
1.2 Stellenwertsystem
1.3 Potenzen
1.4 Wissenschaftliche Notation
1.5 Primzahlen
1.6 Große Primzahlen
1.7 Kryptographie
1.8 Rationale und irrationale Zahlen
1.9 Komplexe Zahlen
1.10 Offene Primzahl-Probleme

1.1 Die Zahlengerade

Die natürlichen Zahlen existieren, seit Menschen begonnen haben zu zählen; die Null ist jedoch eine relativ neue Ergänzung.

Kinder verwenden die Zahlen zum Zählen – 1, 2, 3, 4, etc. – so selbstverständlich, wie es die frühen Menschen taten, deshalb nennt man sie **natürliche Zahlen**. Es gibt unendlich viele natürliche Zahlen, denn man kann immer eine dazu addieren. Es ist ganz nützlich, sie sich als Zahlengerade vorzustellen – als unendlich langes Lineal, das über den Horizont hinaus reicht.

Was ist aber mit der Null? Sie ist eine relativ neue Ergänzung der Mathematik. Obwohl Menschen bereits vor Tausenden von Jahren begannen, Zahlen niederzuschreiben, scheint es, dass erst indische Mathematiker im 7. Jahrhundert begannen, die Null als eigene Zahl zu begreifen. Wie auch die anderen Zahlensymbole, die wir verwenden, stammt auch das Symbol für Null – 0 – aus Indien.

Heute sind wir daran gewöhnt, Null als gewöhnliche Zahl zu betrachten. Wie jede andere Zahl kann 0 ein Ergebnis einer Rechenoperation sein. Wenn man € 100 auf dem Bankkonto hat und davon € 100 abhebt, dann ergibt der Saldo 100 - 100 = 0.

Wenn man € 120 davon abhebt, begibt man sich in die Welt der negativen Zahlen. Wenn man diese negativen Zahlen (sowie die Zahl 0) an die Zahlengerade anfügt, ergibt es ein in beide Richtungen unendliches Lineal. Arithmetik wird dann zu einer Übung, bei der man sich auf dieser unendlichen Geraden auf und ab bewegt.

In einigen Kulturen gibt es nur Worte für die ersten natürlichen Zahlen, für alles andere verwendet man „viel“.

Arbeiten mit negativen Zahlen

Beim Addieren:

$$a + (-b) = a - b$$

was bedeutet:

$$4 + (-2) = 4 - 2$$

Beim Subtrahieren:

$$a - (-b) = a + b$$

was bedeutet:

$$4 - (-2) = 4 + 2$$

Beim Multiplizieren:

$$a \times (-b) = (-a) \times b = -(a \times b)$$

was bedeutet:

$$4 \times (-2) = (-4) \times 2 = -(4 \times 2)$$

Beim Multiplizieren von negativen Zahlen:

$$(-a) \times (-b) = a \times b$$

was bedeutet:

$$(-4) \times (-2) = 4 \times 2$$

Der Ishango-Knochen ist der früheste Beweis, dass Menschen Einkerbungen zum Zählen verwendeten. Er ist rund 20.000 Jahre alt.

Jeder kann einfache Arithmetik mit positiven Zahlen ausführen. Die Probleme beginnen erst mit den negativen Zahlen. Das Leben wird viel einfacher, wenn man einige simple Regeln beachtet.

1.2 Stellenwertsystem

Warum unsere Art Zahlen zu schreiben genial ist.

Wir haben uns derart an unsere Art, natürliche Zahlen zu schreiben, gewöhnt, dass wir kaum mehr die Zahl vom geschriebenen Symbol trennen. So kann es passieren, dass wir nicht beachten, wie klug unser Zahlensystem eigentlich ist.

Nehmen wir die Zahl 423. Das Symbol 4 steht nicht für die Zahl vier – sondern für vierhundert. Ähnlich steht das Symbol 2 für zwanzig. Nur das Symbol 3 steht tatsächlich für drei. Die Schreibweise 423 ist ein Kürzel für:

$(4 \times 100) + (2 \times 10) + (3 \times 1)$.

Die Bedeutung eines Symbols hängt von seiner Position auf der Zahlengerade ab. Von rechts nach links gelesen zählt die erste Stelle, wie viele Einheiten (Mengen von eins) es gibt. Die zweite Stelle zählt die Mengen von zehn. Die dritte Stelle die Mengen von hundert und so weiter. Jedes Mal, wenn man sich eine Stelle weiter nach links bewegt, multipliziert man die Größe der Zähleinheiten mit zehn. Das ist sehr klug, denn es erlaubt, große Zahlen ökonomisch zu schreiben, ohne neue Symbole erfinden zu müssen.

Unser Stellenwertsystem nennt man **Dezimalsystem**, da es auf der Zahl zehn basiert. Es könnte jedoch auf jeder beliebigen Zahl basieren. Zum Beispiel basieren digitale Informationen auf der Zahl zwei und man verwendet nur 0 und 1.

Die Babylonier erfanden das Stellenwertsystem, aber ihres basierte auf der Zahl 60 – anders als das Unsere auf der Zahl 10.

Babylonisches Zahlensystem

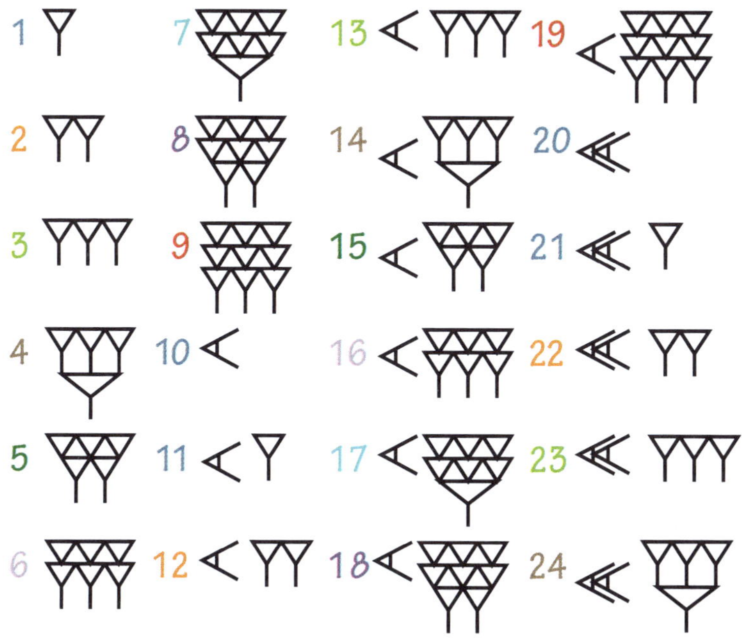

Obenstehend sind einige der Zahlen abgebildet, die von einem Volk verwendet wurden, das gemeinhin Babylonier genannt wird. Im Gegensatz zu unserem basierte ihr System auf der Zahl 60.

1.3 Potenzen

Mathematik ist eine sehr effiziente Sprache. Mit Potenzen zu arbeiten, macht den Rechenvorgang nicht nur kürzer, sondern auch einfacher.

Wir können 2 × 2 als 2^2 schreiben,

2 × 2 × 2 als 2^3 und

2 × 2 × 2 × 2 × 2 × 2 × 2 × 2 × 2 × 2 × 2 × 2 × 2 × 2 × 2 × 2 × 2 × 2 × 2 × 2 × 2 × 2 × 2 × 2 × 2 × 2 × 2 × 2 × 2 × 2 × 2 × 2 × 2 × 2 × 2 × 2 × 2 × 2 × 2 × 2 × 2 × 2 × 2 × 2 × 2 × 2 × 2 × 2 × 2 × 2 als 2^{50}.

Man sagt, man hat die Zahl 2 zur 50. **Potenz** erhoben. Das ist nicht nur effizienter, als die Multiplikation ganz auszuschreiben, sondern auch kürzer, als das Ergebnis in der eigentlich daraus resultierenden Zahl zu schreiben:

$2^{50} = 1.125.899.906.842.624$.

Mit Potenzen zu arbeiten, kann lange Rechenvorgänge einfacher machen. 8.388.608 x 134.217.728 im Kopf auszurechnen ist unmöglich, und mit Papier und Bleistift ziemlich zeitaufwändig. Aber $2^{23} \times 2^{27}$ ist einfach, dank der Potenzregeln. Will man eine Zahl erhoben zur einer Potenz mit der gleichen Zahl erhoben zu einer anderen Zahl multiplizieren, addiert man einfach die beiden Potenzen:

$2^{23} \times 2^{27} = 2^{23+27} = 2^{50}$.

Potenzen vereinfachen auch Divisionen: $2^a/2^b = 2^{a-b}$ ebenso wie Rechnungen mit Potenzen: $(2^a)^b = 2^{a \times b}$.
Man kann sogar eine Zahl zur negativen Potenz erheben: $2^{-a} = 2^0 \times 2^{-a} = 1/2^a$.

27

Versuche $1{,}024^5$ zu berechnen. Wenn man weiß, dass $1{,}024 = 2^{10}$, werden die Dinge viel einfacher: $(2^{10})^5 = 2^{10 \times 5} = 2^{50}$.

Rechnen mit Potenzen

$$x^a \times x^b = x^{a+b}$$

was bedeutet:

$$2^3 \times 2^4 = 2^{(3+4)} = 2^7$$

$$(x^a)^b = x^{ab}$$

was bedeutet:

$$(2^3)^4 = 2^{3\times4} = 2^{12}$$

$$x^{-a} = \frac{1}{x^a}$$

was bedeutet:

$$2^{-3} = \frac{1}{2^3} = \frac{1}{8}$$

$$\frac{x^a}{x^b} = x^{a-b}$$

was bedeutet:

$$\frac{2^4}{2^3} = 2^{4-3} = 2$$

Hier sind die Regeln, um mit Potenzen zu arbeiten. Von oben nach unten: Multiplikation, zu einer anderen Potenz erheben und Division.

1.4 Wissenschaftliche Notation

Zahlen zu einer Potenz einer anderen Zahl zu erheben, ermöglicht, schnell große Summen auszurechnen sowie riesige (oder winzige) Zahlen mit nur wenigen Stellen zu schreiben.

Die Suchmaschine Google ist (abgesehen von einem Rechtschreibfehler) nach einer Zahl benannt. 1929 wurde ein **Googol** von dem amerikanischen Mathematiker Edward Kasner als 1 gefolgt von 100 Nullen definiert. Aber anstatt es voll auszuschreiben – insgesamt 101 Stellen – kann man diese Zahl leicht als 10^{100} ausdrücken (siehe Unterkapitel 1.3).

Jedes Mal, wenn man eine Zahl mit 10 multipliziert, ist das Resultat die ursprüngliche Zahl mit einer zusätzlichen Null am Ende:

$1 \times 10 = 10,$
$1 \times 10^2 = 1 \times 100 = 100.$

Wenn man also eine sehr große Zahl schreiben will, kann man die **wissenschaftliche Notation** (Schreibweise) als Abkürzung verwenden:

$1 \times 10^n = 1$ gefolgt von n Nullen.

Zum Beispiel ist die Lichtgeschwindigkeit ungefähr 300.000.000 Meter pro Sekunde, was man in der wissenschaftlichen Schreibweise als 3×10^8 m/Sekunde ausdrücken kann, was viel prägnanter ist.

Man kann dieselbe Schreibweise auch bei winzigen Zahlen verwenden, indem man negative Exponenten verwendet (siehe gegenüber). Man schreibt 1/10 als 10^{-1}, 1/100 als 10^{-2} etc.

Auf einem Rechner könnte 3×10^8 erscheinen als 3 *e* 8 oder 3 *EX 8*.

Winzige Teilchen

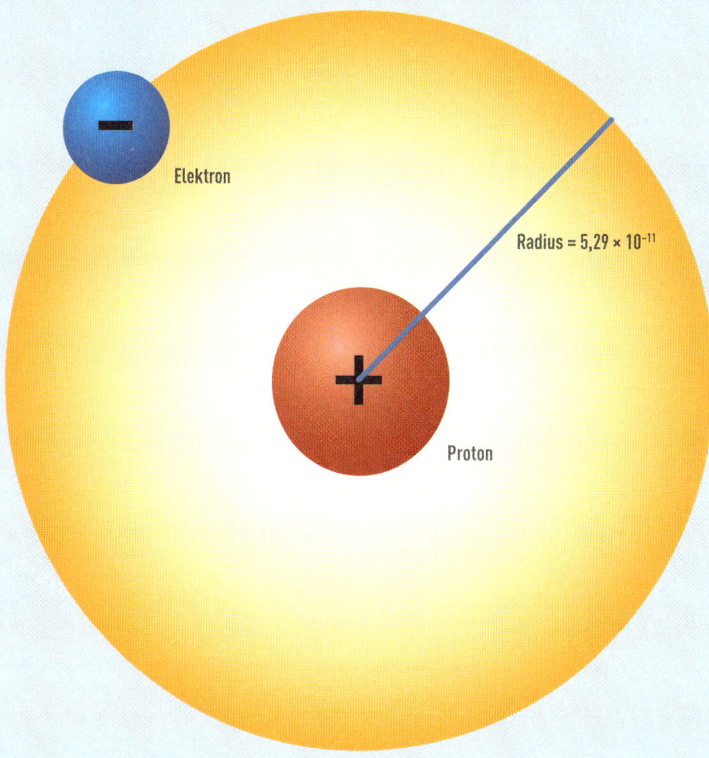

Um eine winzig kleine Zahl zu schreiben – wie den Radius eines Wasserstoffatoms (oben) – schreibt man einfach $5{,}29 \times 10^{-11}$ Meter statt 0,0000000000529 Meter.

1.5 Primzahlen

Primzahlen sind die DNA der natürlichen Zahlen.

Einige Zahlen sind leicht teilbar. Die Zahl 4 zum Beispiel ist gleich 2 × 2. 12 ist gleich 2 × 6 oder 3 × 4. Nicht alle Zahlen jedoch sind so leicht zu behandeln.

Die einzig mögliche Art, um 3 als Produkt zweier ganzer Zahlen zu schreiben, ist 1 × 3. Dasselbe gilt für 5 (1 × 5) und 7 (1 × 7). Das sind Beispiele für **Primzahlen**: Zahlen, die nur durch eins oder sich selbst teilbar sind. Die Primzahlen unter 100 finden sich auf der Tabelle der Seite gegenüber.

Die Primzahlen sind das mathematische Äquivalent zu Atomen: Jede andere Zahl ist eine Kombination von Primzahlen. Zum Beispiel:

24 = 2 × 2 × 2 × 3.

Jeder Faktor hier ist eine Primzahl und nicht weiter teilbar. Die vier Primzahl-Faktoren – dreimal 2 und einmal 3 – sind in gewisser Weise die DNA zur einmaligen Identifikation der Zahl 24.

Jede Zahl kann auf ähnliche Weise als Produkt von Primzahlen ausgedrückt werden. Das ist ein grundlegender Satz der Mathematik, der zum ersten Mal ca. 300 v.Chr. vom griechischen Mathematiker Euklid von Alexandria bewiesen wurde. Euklid zeigte auch, dass es unendlich viele Primzahlen gibt – werden wir je alle entdecken? (Siehe Unterkapitel 1.6)

Jede Primzahl ist entweder eins mehr oder eins weniger als ein Vielfaches von sechs.

Primzahlen

1	2	3	4	5	6	7	8	9	10
11	12	13	14	15	16	17	18	19	20
21	22	23	24	25	26	27	28	29	30
31	32	33	34	35	36	37	38	39	40
41	42	43	44	45	46	47	48	49	50
51	52	53	54	55	56	57	58	59	60
61	62	63	64	65	66	67	68	69	70
71	72	73	74	75	76	77	78	79	80
81	82	83	84	85	86	87	88	89	90
91	92	93	94	95	96	97	98	99	100

Primzahl	
Vielfaches von 2	Vielfaches von 3
Vielfaches von 5	Vielfaches von 7

Die Zahlentabelle von 1 bis 100 zeigt die Primzahlen und die kleinsten Teiler von Nicht-Primzahlen.

1.6 Große Primzahlen

Nach immer größeren Primzahlen zu jagen wurde zu einem populären mathematischen Hobby.

Man ist sich sicher, dass es eine unendliche Anzahl an Primzahlen gibt, leider ist es nicht einfach, sie herauszufinden. Das steht in krassem Gegensatz, sagen wir, zu den geraden Zahlen. Davon existieren ebenfalls unendlich viele, aber man erkennt sie leicht, da sie entweder auf 0, 2, 4, 6 oder 8 enden.

Für Primzahlen gibt es keine solchen Tricks: Um zu überprüfen, ob eine Zahl eine Primzahl ist, benötigt man riesige Rechenleistung. Deshalb ist auch die Entdeckung einer bis dato unbekannten Primzahl in der Welt der Mathematik immer so eine Sensation.

Besondere Kandidaten für Primzahlen sind die **Mersenne-Zahlen**. Die Zahlen kann man als $2^n - 1$ für einige natürliche Zahlen n ausdrücken. Beispiele sind:

$3 = 2^2 - 1$ und $7 = 2^3 - 1$.

Mathematische Methoden zur Überprüfung, ob eine Mersenne-Zahl auch eine Primzahl ist, sind schneller als für andere Zahlen, deshalb konzentrieren sich Primzahl-Jäger eher auf sie.

Alle jüngst entdeckten Primzahlen waren tatsächlich Mersenne-Zahlen. Seit August 2015 ist die größte bekannte Primzahl $2^{57.885.161} - 1$. Sie ist hier nicht voll ausgeschrieben, denn sie umfasst mehr als 17 Millionen Stellen.

Schließen Sie sich der großen Suche nach Mersenne-Primzahlen im Internet an (www.mersenne.org), um die Jagd nach großen Primzahlen zu unterstützen.

Die größten bekannten Primzahlen

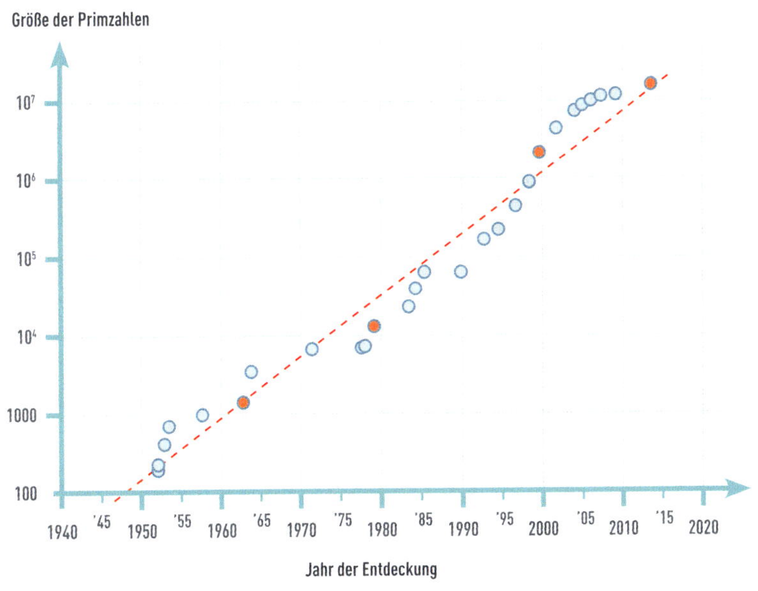

- 1961: Entdeckung der ersten Titanischen Primzahl (mehr als 1.000 Stellen). Sie hat 1.332 Stellen.
- 1979: Entdeckung der ersten Gigantischen Primzahl (mehr als 10.000 Stellen).Sie hat 13.395 Stellen.
- 1999: Entdeckung der ersten Megaprimzahl (mehr als 1.000.000 Stellen). Sie hat 2.098.960 Stellen.
- 2013: Entdeckung der größten bekannten Primzahl mit kolossalen 17.425.170 Stellen.

Die Grafik zeigt, wie die Anzahl der Stellen der jeweils größten bekannten Primzahl über die Jahre anstieg.

1.7 Kryptographie

Man verwendet Kryptographie immer dann, wenn man etwas online kauft, sich in eine gesicherte Web-Seite einloggt oder gesicherte Nachrichten verschickt.

Das Internet vertraut einer Verschlüsselung, genannt **RSA-Öffentliches Kryptosystem** (nach dessen Erfindern Ronald Rivest, Adi Shamir und Leonard Adleman – 1977).

Dieses System erlaubt jedem, der sichere Nachrichten empfangen möchte (wie Online-Banken), einen öffentlichen Schlüssel auszuschreiben. Stellen Sie sich ein offenes Vorhängeschloss vor, das bereit ist, an einer Box mit einer Nachricht an die Bank einzuschnappen. Die Nachricht ist sicher verwahrt und kann nur mit einem privaten Schlüssel zu dem Vorhängeschloss geöffnet werden, den die Bank nie an jemanden weitergeben darf.

Das System würde nicht funktionieren, wenn jeder schnell aufgrund des öffentlichen den privaten Schlüssel berechnen könnte. Aber die Mathematik hinter dem RSA-Kryptosystem stellt sicher, dass das nur möglich ist, wenn man die Faktoren einer großen Zahl N kennt, aus welcher der öffentliche Schlüssel besteht.

Während es relativ einfach ist, zwei Zahlen zu multiplizieren, kann es sehr schwierig werden, die Faktoren einer Zahl herauszufinden. Insbesondere gibt es keine effiziente Methode, um die Faktoren einer Zahl zu ermitteln, die das Produkt großer Primzahlen ist, wie es das RSA-Krytosystem für die Zahl N verwendet.

Die Zahl N, die das RSA-Kryptosystem zur Zeit in Web-Browsern und Telefonen verwendet, hat mehr als 617 Stellen.

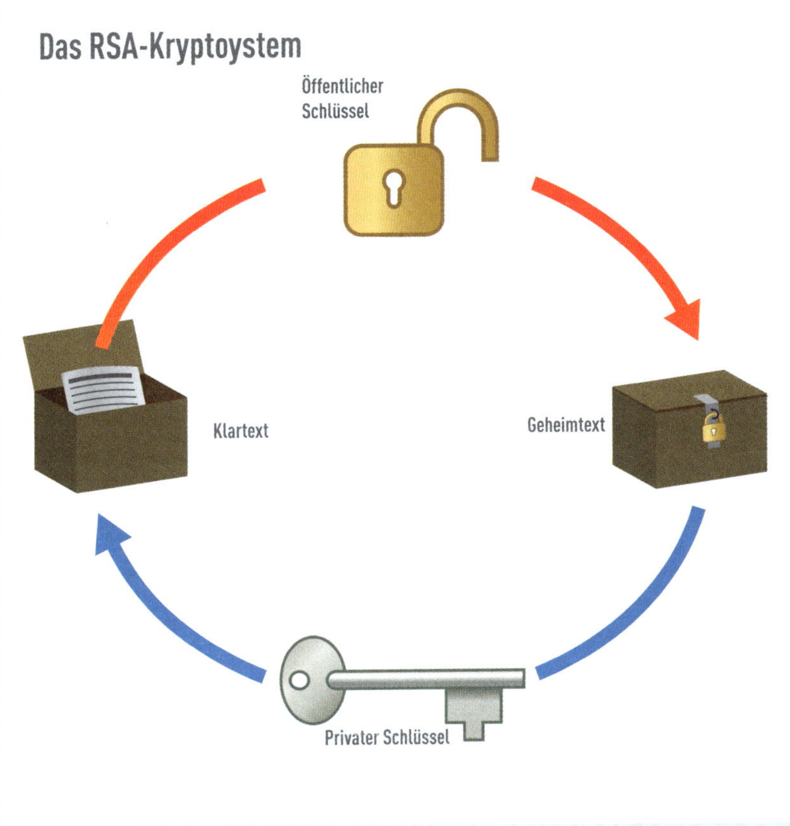

Das offene Vorhängeschloss und der Schlüssel im Falle des RSA-Kryptosystems bestehen aus drei Zahlen. Man verschlüsselt die Nachricht mit einem öffentlichen Schlüssel und der Empfänger verwendet einen privaten Schlüssel, um den Code zu entschlüsseln.

1.8 Rationale und irrationale Zahlen

Rationale Zahlen – die durch einen Bruch mit ganzen Zahlen dargestellt werden können – waren seit Jahrtausenden das Herzstück der Mathematik.

Die alten Griechen, besonders die Pythagoreer, liebten die rationalen Zahlen. Sie glaubten, alle Zahlen seien **rational** (ganze Zahlen waren einfach Brüche mit 1 als Nenner: $1 = 1/1$, $2 = 2/1$, $3 = 3/1$, . . .).

Die Griechen glaubten, dass rationale Zahlen das gesamte Universum erklären würden. Ein Beispiel dafür stammt aus der Musik: Spielt man zwei Noten auf einem Saiteninstrument, wobei die Länge der Saite der einen Note als einfacher Bruch der Länge der Saite der anderen Note dargestellt werden kann, werden diese Töne harmonisch klingen. Nimmt man das Basis-Intervall in der Musik – die Oktave (die ersten beiden Noten der Melodie „Somewhere Over the Rainbow") – erkennt man, dass die Länge der einen Ton erzeugenden Saite die Hälfte der Länge der anderen Saite beträgt.

Man stelle sich deshalb den Schrecken der Griechen vor, als sie entdeckten, dass nicht alle Zahlen als Brüche von ganzen Zahlen geschrieben werden konnten. Zahlen, die nicht rational sind, nennt man **irrational**. Eine der ersten irrationalen Zahlen, die entdeckt wurde, war $\sqrt{2}$ (Quadratwurzel aus 2): die Länge der Diagonale eines Quadrates mit der Seitenlänge von 1. Die Legende erzählt, dass der griechische Mathematiker Hippasos von Metapont von seinen Kollegen zum Tode auf See verurteilt wurde, als er entdeckte, dass es sich um eine irrationale Zahl handelte.

Rationale und irrationale Zahlen gemeinsam ergeben die reellen Zahlen.

Dezimalstellen

$$\frac{1}{4} = 0{,}25$$

$$\frac{1}{3} = 0{,}333333333333\ldots$$

$$\frac{1}{7} = 0{,}142857142857142857\ldots$$

$$\sqrt{2} = 1{,}414213562373095\ldots$$

$$\pi = 3{,}141592653589793\ldots$$

$$e = 2{,}718281828459045$$

Die Dezimalstellen sagen mehr über diese Zahlen aus. Die Dezimalstellen rationaler Zahlen sind entweder endlich oder enden in einem Wiederholungsmuster. Bei irrationalen Zahlen hingegen sind die Dezimalstellen unendlich und wiederholen sich nie.

1.9 Komplexe Zahlen

Komplexe Zahlen entstanden aus dem Unmöglichen, erwiesen sich jedoch als unglaublich nützlich.

Gibt es eine Quadratwurzel von –1? Die Antwort scheint „nein" zu sein. Egal, ob eine Zahl positiv oder negativ ist, wenn man sie mit sich selbst multipliziert, ergibt sie immer eine positive Zahl, was –1 aber nicht ist.

Im 16. Jahrhundert entschieden Mathematiker jedoch, so zu tun, als gäbe es eine Quadratwurzel von –1 (die man heute eine **imaginäre Zahl** nennt, bezeichnet durch das Symbol i). Der Grund für diese Erfindung besteht darin, dass die Lösung einer Gleichung manchmal die Annahme der Quadratwurzel einer negativen Zahl beinhaltet. Wenn man vorgibt, dass diese seltsame Zahl existiert und mit der Rechnung fortfährt, kann das Resultat eine reelle Zahl sein, die auch die Lösung für die Gleichung darstellt.

Durch die Verwendung der Zahl i kann man **komplexe Zahlen** aufbauen. Sie haben die Formel $a + ib$, wobei a und b reelle Zahlen sind. Beispiele sind $1 + 2i$ oder $3 + 5i$. Es gibt Regeln für die Arithmetik mit komplexen Zahlen (siehe gegenüberliegende Seite), und so bilden sie ein völlig kohärentes Zahlensystem.

Außerhalb der Mathematik sind komplexe Zahlen nützlich, wenn die Verwendung von Zahlenpaaren für die Beschreibung von etwas am besten geeignet ist. Zum Beispiel sind in der Elektronik der elektrische Strom und die Spannung komplizierter als einfache Zahlen; deshalb werden ihre Funktionen besser in komplexen Zahlen wiedergegeben.

Die Quadratwurzel aus einer Zahl *n* ist die Zahl, die wieder *n* ergibt, wenn man sie mit sich selbst multipliziert.

Arganddiagramm (Gaußsche Zahlenebene)

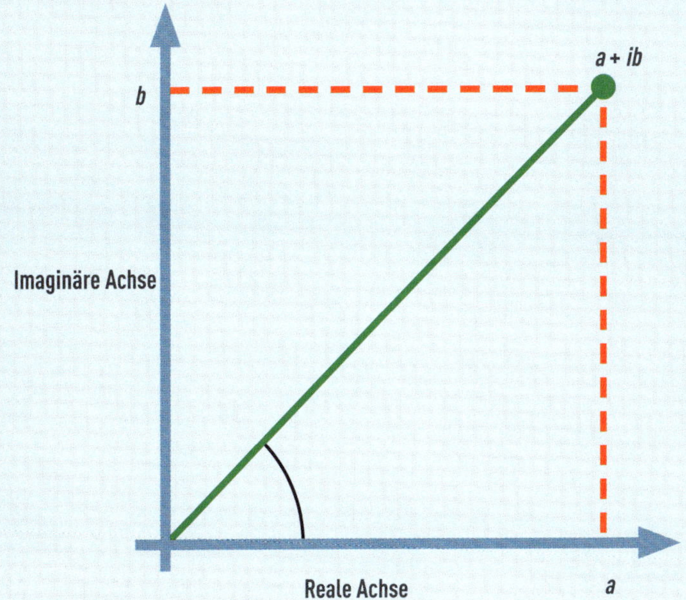

$$(a + ib) + (c + id) = (a + c) + i(b + d)$$

$$(a + ib) \times (c + id) = (ac - bd) + i(bc + ad)$$

Komplexe Zahlen haben eine geometrische Interpretation. Die komplexe Zahl *a* + *ib* (oben dargestellt als grüner Punkt) entspricht dem Punkt mit den Koordinaten (*a*,*b*) im kartesischen Koordinatensystem (siehe Unterkapitel 3.2).

1.10 Offene Primzahl-Probleme

Viele offene Fragen der Zahlentheorie sind einfach zu stellen – jeder von uns würde sie verstehen. Doch die Antworten darauf entzogen sich den Mathematikern jahrhundertelang.

1742 schrieb Christian Goldbach (1690–1764) an Leonhard Euler (1707–83) einen Brief mit der später sogenannten *Goldbachschen Vermutung*: dass jede gerade Zahl größer als 2 die Summe zweier Primzahlen sei.
Zum Beispiel:

4 = 2 + 2
6 = 3 + 3
8 = 5 + 3

Jeder Mathematiker hält diese Vermutung für wahr, und Computer haben das für jede gerade Zahl bis zu 4×10^{17} überprüft. Ein kompletter Beweis steht jedoch noch aus. 2013 gab es eine große Aufregung, als der junge brasilianische Mathematiker Harald Helfgott (geb. 1977) ankündigte, einen Beweis für die sogenannte Schwache Goldbachsche Vermutung zu haben: dass jede ungerade Zahl größer als 5 die Summe von drei Primzahlen sei. „Schwach" deshalb, weil sie eine direkte Folge der Goldbach-Theorie wäre – sollte diese sich bewahrheiten: Weiß man, dass jede gerade Zahl die Summe zweier Primzahlen ist, dann kann man die Primzahl 3 addieren, und die ungeraden Zahlen wären somit die Summe dreier Primzahlen.

Mathematiker glauben, dass Helfgotts Beweis korrekt ist. Doch trotz einiger beeindruckender Rechenoperationen sieht es nicht so aus, als würden diese Techniken den Beweis der vollen Goldbachschen Vermutung erbringen.

Zu Beginn betrachtete Euler Goldbachs Brief mit Geringschätzung, da er das noch nicht gelöste Problem für trivial erachtete!

Primzahlzwillinge

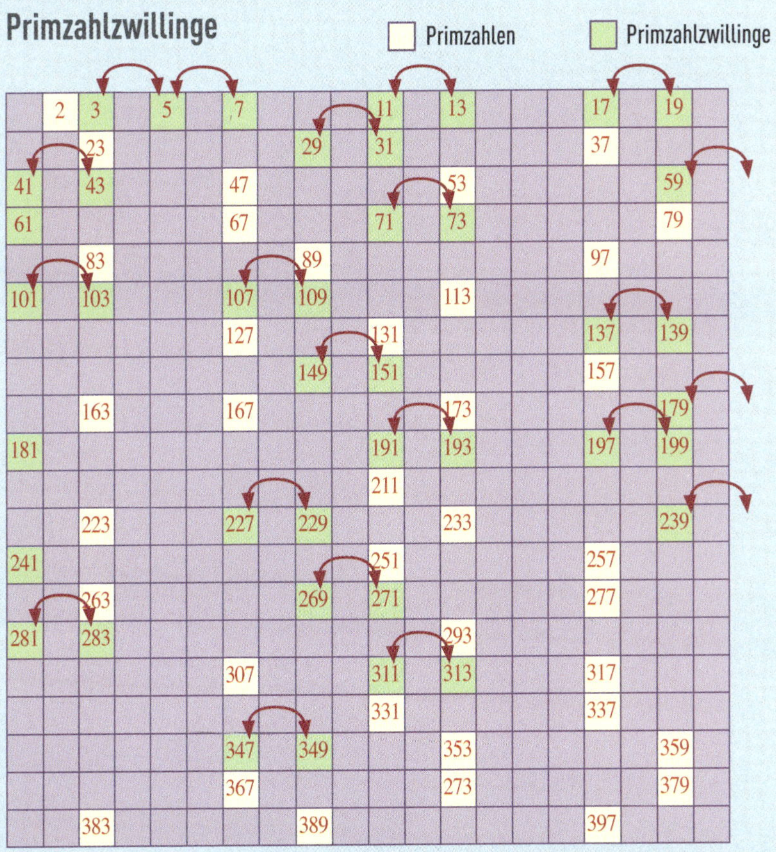

Es gibt noch einen anderen trügerischen Beweis mit Primzahlzwillingen – Primzahlen, deren Abstand 2 ist. Mathematiker glauben, dass es unendlich viele Primzahlzwillinge gibt, aber bis jetzt konnte das niemand beweisen.

FORMEN

Etwa um die Zeit, wenn Kinder lernen zu zählen, beginnen sie auch, die ersten geometrischen Formen zu zeichnen: Dreiecke, Quadrate und Kreise. Nicht überraschend war auch die Geometrie einer der ersten Bereiche, auf die die Menschheit ihr Streben richtete. Formen erscheinen uns nicht nur ganz natürlich, wir müssen sie auch verstehen, um unser Leben zu leben – zum Beispiel, um die beackerten Felder abzumessen und unsere Häuser zu bauen. *Geometrie* leitet sich von den griechischen Wörtern für „Erde" und „Maß" ab. Tatsächlich verwenden wir auch heute noch die Grundregeln der Geometrie der alten griechischen Gelehrten.

In diesem Kapitel untersuchen wir die idealen Formen, die Schulkinder und alte Mathematiker gleichermaßen lieben. Der Kreis bietet uns sowohl die wohl berühmteste Zahl in der Mathematik als auch die effizienteste Art, eine Fläche zu umschließen.

Fortsetzung umseitig

Das bescheidene Dreieck, ein Eckpfeiler der Trigonometrie, untersucht die Beziehung zwischen den Winkeln und Seiten eines Dreiecks. Die geniale Verbindung von Kreisen und Dreiecken ergibt die nützlichsten Funktionen der Mathematik.

Durch Euklids Regeln für Geometrie in der Ebene spielen Dreiecke eine wichtige Rolle in der Definition von Raum, wie wir ihn kennen. Dreiecke waren auch die Schlüssel, die Mathematiker brauchten, um eine völlig neue Art von Geometrie zu entdecken. Von hier aus wagen wir uns in schwer vorstellbare Bereiche vor.

Wir betrachten nicht nur neue Geometrien, sondern entdecken auch scheinbar unmögliche Formen, finden heraus, warum Kaffeetassen und Doughnuts mathematisch gesehen dasselbe sind und dass wir bereits alle in höheren Dimensionen leben. Schlussendlich sehen wir, dass all diese Gedanken wichtige Bestandteile eines jüngsten Beweises eines berühmten Jahrhunderte alten Problems sind.

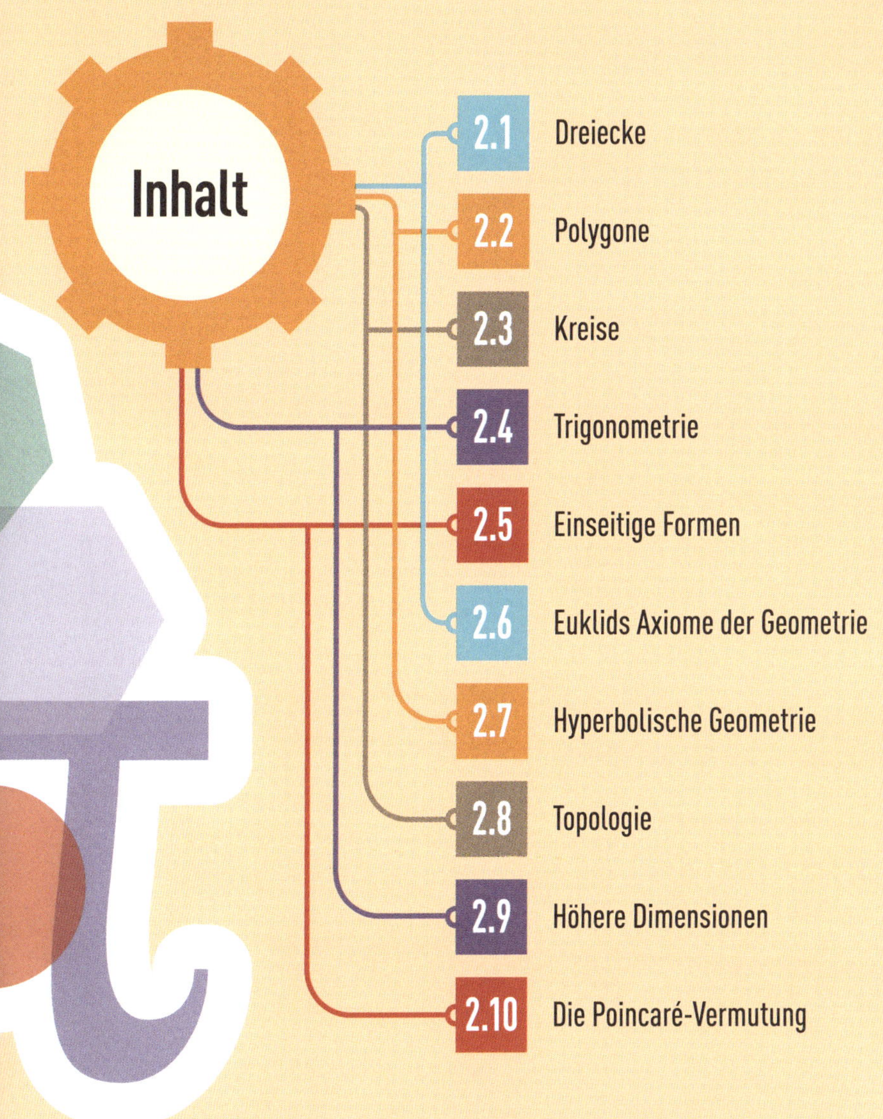
Inhalt
2.1 Dreiecke
2.2 Polygone
2.3 Kreise
2.4 Trigonometrie
2.5 Einseitige Formen
2.6 Euklids Axiome der Geometrie
2.7 Hyperbolische Geometrie
2.8 Topologie
2.9 Höhere Dimensionen
2.10 Die Poincaré-Vermutung

2.1 Dreiecke

Das Dreieck ist die erste Form, die man in der Schule lernt. Es ist trügerisch einfach – und verbirgt doch eine Fülle an mathematischen und physikalischen Kräften.

Die meisten Personen, die man bittet, ein Dreieck zu zeichnen, machen automatisch etwas, was einem **gleichseitigen Dreieck** gleichkommt, in dem alle Seiten gleich lang und alle Winkel gleich groß sind.

Die Dreiecke, die wir in der Welt um uns sehen – etwa bei Verstrebungen eines Krans oder einer Brücke oder im Rahmen einer Schaukel auf dem Spielplatz – sind fast immer symmetrisch mit zwei identischen Hälften. Das nennt man **gleichschenkelige Dreiecke**: Sie haben zwei gleich lange Seiten und die gegenüberliegenden Winkel sind gleich groß. In einem **unregelmäßigen Dreieck** sind alle Seiten verschieden lang und die Winkel unterschiedlich groß.

Die Winkel eines Dreiecks auf einem Blatt Papier ergeben immer die Summe von 180 Grad. Die Größe des Winkels und die Länge der gegenüberliegenden Seite stehen in Relation: je größer der Winkel, desto länger die gegenüberliegende Seite. Ein Dreieck, in dem ein Winkel kleiner als 90 Grad ist, nennt man **spitzwinkliges Dreieck**, eines mit einem Winkel größer als 90 Grad ist **stumpfwinklig**.

Der spezielle Fall eines Dreiecks, in dem ein Winkel genau 90 Grad ist – das **rechtwinklige Dreieck** – ist die Basis eines der bekanntesten Theoreme in der Geschichte der Mathematik: der Satz des Pythagoras (siehe Unterkapitel 3.10).

Das Dreieck ist die stärkste der Formen mit geraden Seiten: Man kann ein Quadrat durch verändere Winkel deformieren, aber ein Dreieck bleibt starr.

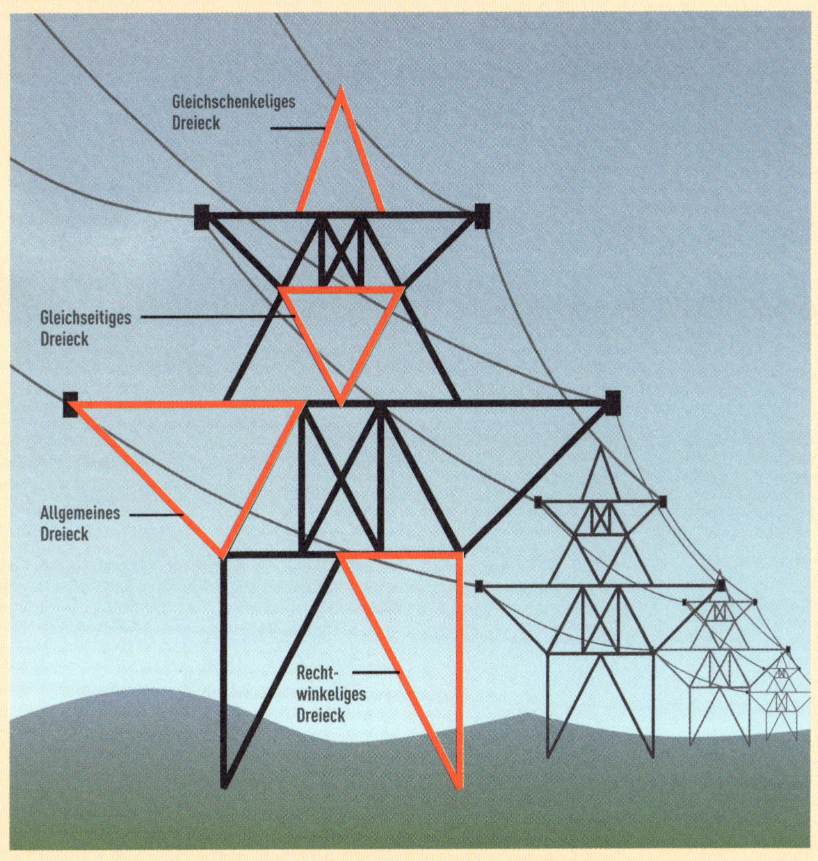

Satz des Pythagoras: In einem rechtwinkligen Dreieck ist das Quadrat der längsten Seite (Hypotenuse genannt, gegenüber dem rechten Winkel) gleich der Summe der Quadrate der beiden anderen Seiten.

2.2 Polygone

Vom bescheidenen Dreieck zum perfekten Kreis in unendlich vielen, regelmäßigen Schritten.

Eine Stufe über dem Dreieck steht das Rechteck, genauer eigentlich das **Viereck**: eine geschlossene Form begrenzt von vier geraden Seiten.

Das Rechteck ist eine besondere Form des Vierecks: alle vier Winkel betragen 90 Grad. Wenn alle vier Seiten auch dieselbe Länge haben, spricht man von einem Quadrat. Ähnliche geschlossene Formen gibt es auch mit fünf (Pentagon), sechs (Hexagon), sieben (Heptagon), acht (Oktogon), neun Seiten oder Ecken (Nonagon) und so weiter.

Das Suffix „-gon" kommt von dem griechischen Wort *gonia*, was „Ecke" oder „Winkel" bedeutet. Wird die Zahl der Ecken zu groß, lassen Mathematiker die griechische Bezeichnung fallen und sprechen zum Beispiel bei 96 Seiten von einem 96-Eck, bei 200 Seiten von einem 200-Eck. In ihrer Gesamtheit sind diese Formen als **Polygone** – Vielecke – bekannt.

Das gleichseitige Dreieck und das Quadrat sind beides **regelmäßige Polygone**, deren Seiten alle dieselbe Länge und die dazwischenliegenden Winkel alle dieselbe Größe haben. Es gibt auch regelmäßige Pentagone, Hexagone, Heptagone und so weiter, so weit man gehen will.

Die alten Griechen benutzten Polygone, um den Umfang und die Fläche von Kreisen annähernd zu berechnen.

Polygone und Kreise

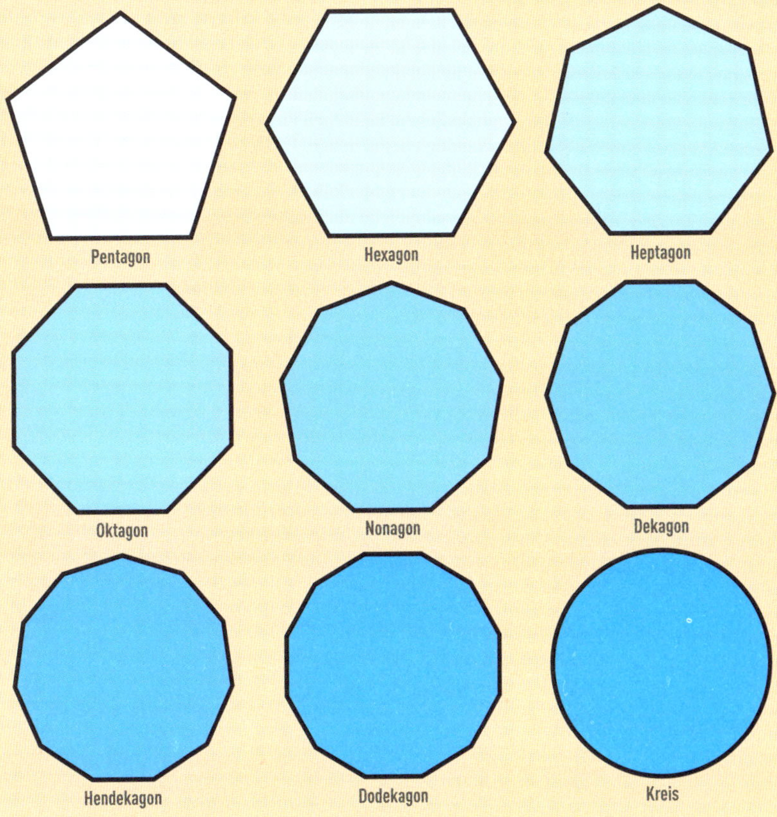

Obwohl die Seiten der vieleckigen Polygone immer noch Gerade sind, werden sie in Relation zum Umfang der Form so kurz, dass sie sich der vollkommenen Rundung eines Kreises annähern.

2.3 Kreise

Ein Kreis ist die Menge aller Punkte, die einen konstanten Abstand (Radius) zu einem vorgegebenen Punkt (Mittelpunkt) haben.

Kreise sind wunderbar regelmäßig. Jede Gerade, die durch den Mittelpunkt eines Kreises geht, ist eine Symmetrieachse – es ist möglich, den Kreis an dieser Linie zu spiegeln, ohne seine Erscheinungsform zu verändern. Ein Kreis kann auch um sein Zentrum um jeden beliebigen Winkel rotieren und die exakt gleiche Form beibehalten. So ist der Kreis die symmetrischste aller Formen.

Eine andere schöne Eigenschaft des Kreises ist die Maximierung der Fläche, die er einschließt. Wenn man ein Seil von vorgegebener Länge zu einer geschlossenen Form mit größtmöglicher Fläche auflegen soll, dann sollte man die Form eines Kreises wählen: Jede Deformation des Kreises würde eine Einbuchtung ergeben, die die Innenfläche verkleinert.

Der Kreis schenkt uns auch die berühmteste Zahl der Mathematik. Nimmt man Kreise beliebiger Größe und dividiert deren Umfang durch ihren Durchmesser, erhält man immer das Ergebnis von 3,14159 . . . , eine Konstante, die überall als π bekannt ist (siehe gegenüberliegende Seite: der griechische Buchstabe *pi*). Die Fläche eines Kreises ist immer gleich πr^2, wobei r der **Radius** des Kreises ist (gemessen als Gerade vom Mittelpunkt des Kreises zu jedem beliebigen Punkt des Umfanges).

Seit 2015, ist es der Menschheit möglich, die ersten 13,3 Trillionen Dezimalstellen von π zu bestimmen.

3.141592653589793238462643383279502884197
16939937510582097494459230781640628620899
86280348253421170679821480865132823066470
9384460955058223172535940812848111745028
41027019385211055596446229489549303819644
2881097566593344612847564823378678316527
12019091456485669234603486104543266482133
9360726024914127372458700660631558817488
15209209628292540917153643678925903600113
3053054882046652138414695194151160943305
72703657595919530921861173819326117931051
1854807446237996274956735188575272489122
79381830119491298336733624406566430860213
94946395224737190702179860943702770539217
17629317675238467481846766940513200056812
71452635608277857713427577896091736371 78
72146844090122495343014654958537105079227
96892589235420199561121290219608640344181
59813629774771309960518707211349999998372
97804995105973173281609631859502445955 . . .

Die Zahl π ist irrational, was bedeutet, dass die Ausdehnung der Dezimalstellen unendlich lang ist und kein sich wiederholendes Muster aufweist.

2.4 Trigonometrie

Was haben Astronomie, Navigation, Geographie und Architektur gemeinsam? Während des Großteils ihrer Geschichte beruhte ihr Erfolg auf der Trigonometrie, dem „Vermessen der Dreiecke".

Im Grunde untersucht die **Trigonometrie** die Relation zwischen der Größe der Winkel und der Länge der Seiten in einem Dreieck. Wir nennen einen der kleineren Winkel in einem rechtwinkligen Dreieck θ (es kann jeder von beiden sein). Sodann kann man die grundlegenden trigonometrischen Beziehungen definieren, indem man die Längen der drei Seiten des Dreiecks verwendet:

$\sin\theta$ = Länge der gegenüberliegenden Seite (Gegenkathete)/Länge der Hypotenuse.

$\cos\theta$ = Länge der Ankathete/Länge der Hypotenuse.

Man beachte, dass die **Hypotenuse** die längste Seite ist – die dem rechten Winkel gegenüber liegt – und die *Ankathete* verläuft vom Winkel θ zum rechten Winkel.

Lässt man die Länge der Hypotenuse gleich und ändert den Winkel θ, dann variiert die Länge der gegenüberliegenden Seite und somit auch der Wert von $\sin\theta$. Ähnlich ändert sich auch die Länge der Ankathete und somit auch der Wert $\cos\theta$.

Die daraus resultierenden sich ändernden Werte der trigonometrischen Funktionen definieren sanfte, sich wiederholende Kurven. Diese Sinus- und Kosinuskurven sind das Herzstück jeder Analyse von periodischen Schwankungen, von Schallwellen bis zur Seismologie.

Für jeden Winkel θ gilt: $\cos^2(\theta) + \sin^2(\theta) = 1$.

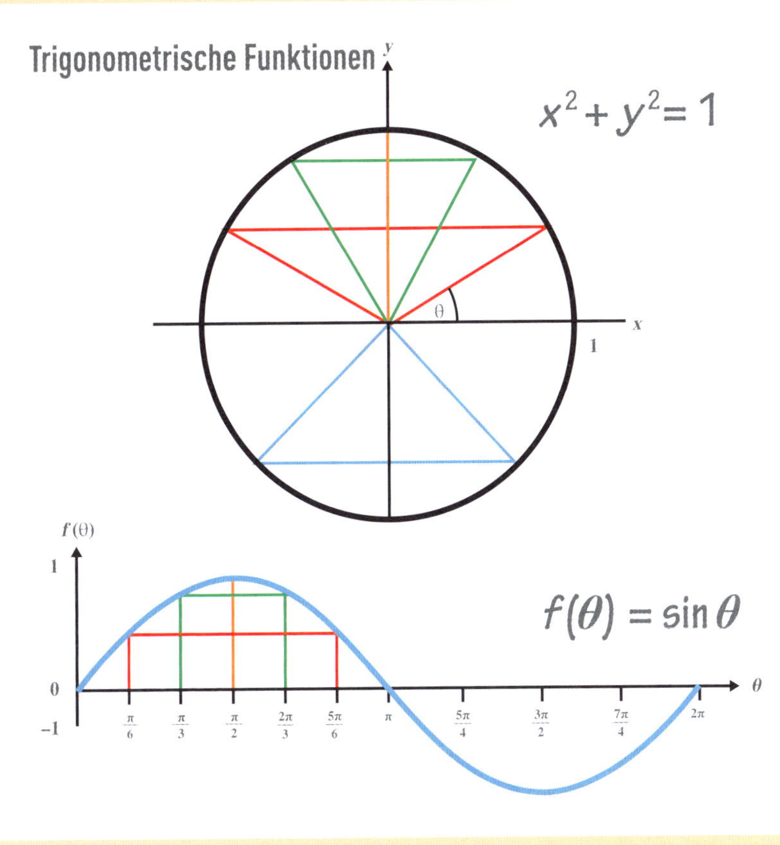

Diese Grafik zeigt, wie die Funktion sin θ (durchgehende blaue Linie) gezeichnet werden kann, indem man die Winkel innerhalb des Dreiecks verwendet. Hier sieht man die Grafik der Funktion $y = \sin\theta$ für θ im Intervall $(0,2\pi)$.

2.5 Einseitige Formen

Nehmen Sie einen Streifen Papier, drehen Sie ihn und fügen die Enden zusammen und Sie haben ein wichtiges mathematisches Objekt: das Möbiusband.

Ein normaler Streifen Papier hat zwei Seiten – Vorder- und Rückseite. Aber wie viele Seiten hat ein **Möbiusband**? Wenn Sie ein Möbiusband vor sich haben, nehmen Sie einen Bleistift und ziehen Sie eine Linie in seiner Mitte, ohne den Bleistift abzusetzen, bis zu Ihrem Ausgangspunkt.

Wenn Sie die Enden des Streifen zusammenfügten, ohne sie zu drehen, werden Sie sehen, dass Sie die Linie nur entweder an der Innen- oder der Außenseite des Streifens gezogen haben. Bei einem Möbiusband kann man jedoch eine Linie ziehen, um zwei beliebige Punkte zu verbinden (auch wenn die zwei Punkte ursprünglich nicht auf derselben Seite des Streifens waren). Ein Möbiusband hat also keine Innen- und Außenseite: Es hat nur eine Seite.

Diese Art von einseitige Formen nennt man **nicht orientierbare** Formen. So wie ein Möbiusband nur eine Seite hat, besitzt es auch nur eine Kante. Sie können das überprüfen, indem sie mit einem Filzstift entlang der Kante bis zum Ausgangspunkt fahren. Die Kante an „beiden" Seiten des Streifens werden in einer fortlaufenden Schleife bemalt sein.

Mathematisch sind einseitige Formen wichtig. Möbiusbänder sind fundamentale Beispiele von Nicht-Orientierbarkeit: Sie sind in jeder nicht-orientierbaren Fläche vorhanden.

Förder- und Farbbänder für Schreibmaschinen wurden als Möbiusbänder konstruiert, um die Oberfläche auf „beiden Seiten" des Bandes zu nützen.

Die Kleinsche Flasche

Diese Abbildung schuf Charles Trevelyan, der die Flasche teilweise transparent gestaltete, um ihre Form besser würdigen zu können.

Die Kleinsche Flasche hat nur eine Seite und kein Volumen. Sie kann im dreidimensionalen Raum nicht existieren, denn man braucht eine vierte Dimension, damit der Flaschenhals durch die Flaschenwand geht, ohne dieselbe zu durchdringen..

2.6 Euklids Axiome der Geometrie

Die Geometrie geht weit zurück bis zu dem Mathematiker des alten Griechenlands, Euklid von Alexandria.

Die alten Griechen liebten die Geometrie. Sie waren jedoch nicht damit zufrieden, nur Formen zu zeichnen, sondern bewiesen auch gern die Korrektheit der Ergebnisse, zum Beispiel mit dem Satz des Pythagoras.

Die einzige Art, etwas zu beweisen, ist die logische Ableitung von Grundlagen, die sicher stimmen. So entwickelte Euklid von Alexandria (ca. 300 v.Chr.) seine fünf **Axiome** der Geometrie (siehe gegenüberliegende Seite):

- **1** Zwischen zwei beliebigen Punkten kann man eine Gerade ziehen.
- **2** Jede begrenzte Gerade kann man beliebig verlängern.
- **3** Mit einem gegebenen Punkt *P* und einer begrenzten Gerade *g* ausgehend von *P* kann man einen Kreis mit *P als* Mittelpunkt *und g* als Radius zeichnen.
- **4** Alle rechten Winkel sind einander gleich. (Für Euklid war ein rechter Winkel auf eine bestimmte Art konstruiert. Das Axiom behauptet, dass alle Winkel, die so konstruiert sind, einander gleichen würden.)
- **5** Das fünfte Axiom ist schwer in einfache Worte zu fassen – es läuft darauf hinaus, dass die Winkelsumme in einem Dreieck 180 Grad beträgt.

Euklid veröffentlichte die Axiome in *Elemente*, eines der frühesten bekannten Traktate der Geometrie und anderer Bereiche der Mathematik. Es ist überaus erfolgreich – manche sagen, nur die Bibel habe eine größere Auflage.

Manche sagen, dass Euklid nie existiert habe und die *Elemente* von mehreren Mathematikern geschrieben wurden.

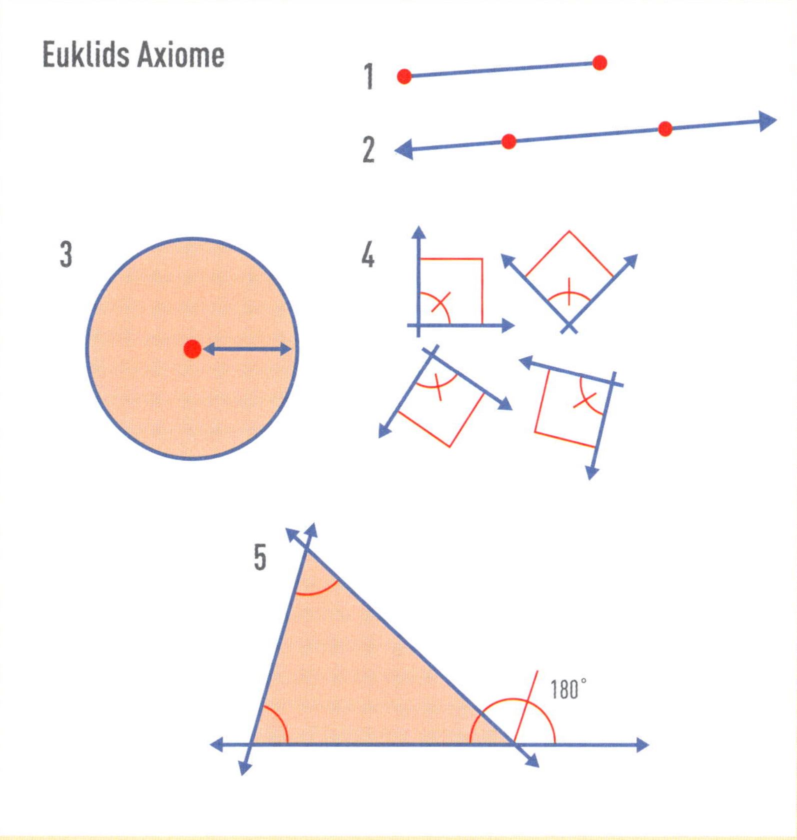

Euklids fünf Axiome. Indem er diese Axiome anwandte, konnte Euklid mathematische Ergebnisse durch geometrische Konstruktionen beweisen.

2.7 Hyperbolische Geometrie

Nach – missglückten – Versuchen, zu beweisen, dass Euklids fünftes Axiom gilt, erfanden Mathematiker eine wundervolle neue Art der Geometrie.

Als im 19. Jahrhundert der Mathematiker János Bolyai (1802–60) seine Zeit damit verbrachte, zu beweisen, dass Euklids fünftes Axiom immer stimmt, versuchte sein Vater Farkas Bolyai (1775–1856), ihn in einem Brief zu überreden, aufzugeben.

Das Axiom (siehe Unterkapitel 2.6) besagt, dass die Winkelsumme in einem Dreieck immer 180 Grad beträgt. János Vater befürchtete, dass der Arbeitsaufwand *„all deine Zeit vergeuden und dir Gesundheit, Seelenfrieden und Lebensglück rauben wird."* Wahrscheinlich hatte er recht.

Das Axiom gilt bei Dreiecken auf einer Ebene. Ein Dreieck – auf einer Kugel gezeichnet – wölbt sich jedoch nach außen,und bewirkt, dass die Winkelsumme größer als 180 Grad wird. (Die Seiten der Dreiecke auf einer Kugel sind analog zu Geraden – die kürzestmögliche Distanz.) Gibt es eine Oberfläche, bei der die Winkelsumme weniger als 180 Grad beträgt? Die Antwort ist ja, ein Beispiel dafür wäre eine Oberfläche, die wie ein Sattel geformt ist.

Hyperbolische Geometrie ist ein wichtiger Bestandteil Einsteins Spezieller Relativitätstheorie.

Auf der törichten Jagd nach einem Beweis für Euklids fünftes Axiom entwickelten Mathematiker schließlich die **hyperbolische Geometrie**, in der Euklids fünftes Axiom nicht gilt. Dreiecke auf einer **hyperbolischen Ebene** haben immer eine Winkelsumme von weniger als 180 Grad.

Die hyperbolische Ebene

Das Bild zeigt die Gesamtheit einer hyperbolischen Ebene. Verzerrung bedeutet, dass die Platten zum Rande des Kreises hin kleiner zu werden scheinen. In der eigentlichen hyberbolischen Metrik haben sie jedoch alle dieselbe Größe.

Es ist unmöglich, eine hyperbolische Ebene ohne Verzerrung auf einem Blatt Papier zu zeichnen.

2.8 Topologie

Die Geometrie ist sehr präzise, während ihre Schwestermaterie, die Topologie, gemeinhin toleranter ist.

In der Topologie werden zwei Formen als dieselbe betrachtet, wenn eine ohne Schneiden, Dehnen oder Kleben in die andere transformiert werden kann. Berühmte Beispiele dafür sind eine einhenkelige Kaffeetasse und ein Doughnut: Besteht die Kaffeetasse aus elastischem Material, kann man sie in einen Doughnut umformen, wobei das Loch, das durch den Henkel entsteht, zum Loch im Doughnut wird.

Es kann sich als nützlich erweisen, Formen zu biegen, zu drücken oder zu dehnen. Man nehme den Plan der Londoner U-Bahn. Geographisch ist der Plan beklagenswert unzulänglich: Die Entfernungen zwischen den Stationen sind verzerrt und alle Linien scheinen gerade zu verlaufen, sei es vertikal, horizontal oder im Winkel von 45 Grad.

Doch ein geografisch genauer Plan wäre ein wirres Durcheinander, in der Mitte gesteckt voll mit Stationen. Außerdem müsste er riesig sein, um die weiter draußen gelegenen Bereiche mit einzuschließen. Die Bahnlinien wären nicht gerade, sondern würden sich verwirrend durch die Stadt und umeinander schlängeln.

Ein Angestellter der Londoner U-Bahn, Harry Beck (1902–74), erkannte 1933, dass man den Plan besser anordnen könnte, wenn man sich nur auf die Verbindungen zwischen den Linien konzentrierte. Sein topologischer Plan wurde zur Ikone, von vielen als Geniestreich betrachtet.

In der Topologie ist selbst eine knubbelige Kartoffel eine perfekte Kugel.

Nahtlose Transformation

In dem Beispiel oben werden die Tasse und der Doughnut in topologischen Begriffen als dieselbe Form angesehen, da eine in die andere ohne Schnitt transformiert werden kann.

2.9 Höhere Dimensionen

Höhere Dimensionen wirken einschüchternd. Tatsächlich sind jedoch die meisten von uns schon ziemlich daran gewöhnt.

Wenn man sich mit einem Freund in einem hohen Gebäude verabredet, braucht man vier Informationen: den Straßennamen, die Hausnummer, das Stockwerk und den Zeitpunkt, zu dem das Treffen geplant ist.

Mathematiker nennen diese Informationen *Koordinaten*, und diese vier **Koordinaten** definieren einen vierdimensionalen Raum. Ein fünfdimensionaler Raum ist definiert durch fünf, ein sechsdimensionaler Raum durch sechs Koordinaten und so weiter. Um in höheren Dimensionen zu denken, überlegen Mathematiker daher einfach in Form von immer mehr Koordinaten.

Viele vertraute Konzepte kann man in Räume höherer Dimensionen erheben. Ein Kreis ist zum Beispiel die Menge von Punkten in zwei Dimensionen, die alle den gleichen Abstand zum Mittelpunkt haben. Eine Kugel ist eine Menge von Punkten in drei Dimensionen (mit ebenfalls dem gleichen Abstand zum Mittelpunkt) und eine Hyperkugel ist eine Menge von Punkten in vier oder mehr Dimensionen mit dem gleichen Abstand zum Mittelpunkt (wobei der Gedanke des Abstands in vier oder mehr Dimensionen einfach eine Erweiterung von etwas Vertrautem ist). Die Definition ist identisch bei zwei-, drei-, vier- oder mehrdimensionalen Räumen. Es ändert sich lediglich die Anzahl der benötigten Koordinaten, um die Lage der Punkte in jedem Raum zu beschreiben.

Statt von sechs quadratischen Flächen, wie bei einem Würfel, wird ein vierdimensionaler Tesserakt von acht würfelförmigen Zellen begrenzt.

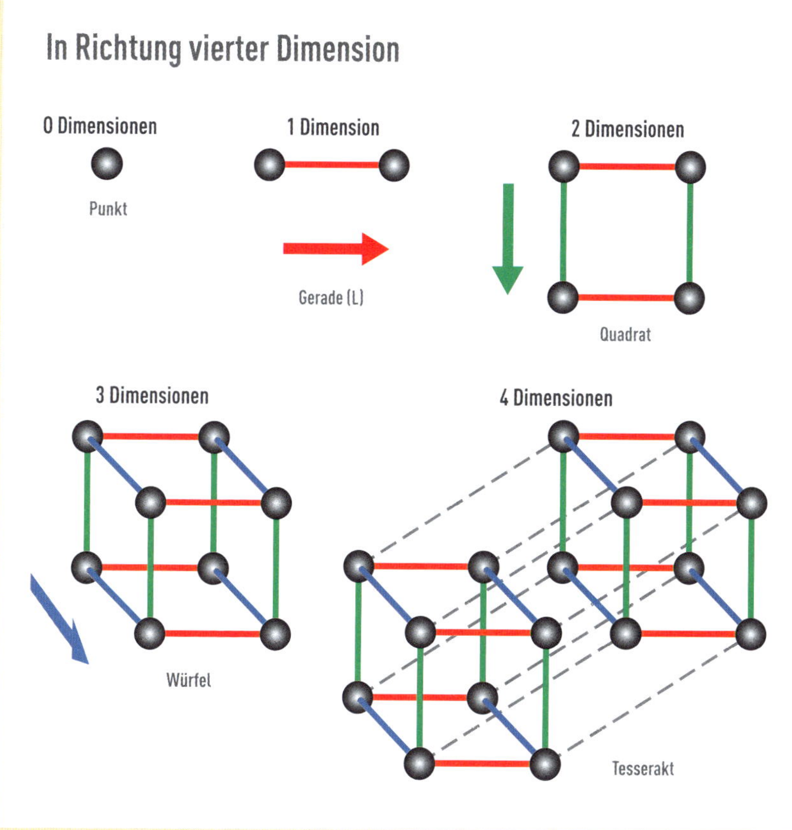

Ein Segment einer Geraden mit der Länge L ausgedehnt auf die Fläche ergibt ein Quadrat. Ein Würfel ist ein zweidimensionales, in die dritte Dimension ausgedehntes Quadrat, und ein Tesserakt ist ein dreidimensionaler Würfel, ausgedehnt in die vierte Dimension.

2.10 Die Poincaré-Vermutung

In der Topologie muss eine Sphäre nicht perfekt rund sein. Man kann sie in jede beliebige Form pressen – und solange man sie nicht aufsticht, bleibt die Form eine Kugel.

Was also definiert eine topologische Sphäre, wenn nicht ihre perfekte Rundung? Eine der Antworten: Schleifen. Jede Schleife auf eine Sphäre kann man theoretisch zu einem einzigen Punkt reduzieren. Das gilt jedoch nicht für einen Doughnut: Zieht man die Schleife durch sein Loch, ist es nicht möglich, sie auf einen Punkt zu reduzieren, ohne die Schleife zu zerschneiden. Die Tatsache, dass man Schleifen auf einen Punkt reduzieren kann, ohne zu schneiden, ist das Besondere, was eine topologische Sphäre von anderen Oberflächen derselben Familie unterscheidet.

Wenn das Obenstehende für eine zweidimensionale Sphäre im dreidimensionalen Raum wahr ist, gilt dasselbe für eine dreidimensionale Sphäre im vierdimensionalen Raum? Wenn es auch nicht möglich ist, diese zu visualisieren, so kann man sie doch – und ihre schleifen-reduzierende Eigenschaft – mathematisch genau beschreiben. Am Beginn des 20. Jahrhunderts behauptete der französische Mathematiker Henri Poincaré (1854–1912), dass das Gesetz analog auch für eine dreidimensionale Oberfläche gelten würde.

Es gelang jedoch weder Poincaré noch zahlreichen anderen Mathematikern nach ihm, die berühmt-berüchtigte *Poincaré-Vermutung* zu beweisen. Erst fast ein Jahrhundert später wurde sie vom russischen Mathematiker Grigori Perelman (geb. 1966) in einer Online-Publikation bewiesen. Perelman lehnte alle ihm zugedachten Preise und Ehrungen ab. Nicht jeden treibt Ruhm und Reichtum.

2000 bot das Clay Mathematics Institute 1 Million Dollar für die Lösung der Poincaré-Vermutung.

Schleifen reduzieren

Sphäre

Doughnut

Die rote Schleife, die um die Sphäre führt, kann man auf einen Punkt zusammenziehen; mit der Schleife durch das Loch des Doughnuts kann man das nicht.

GLEICHUNGEN

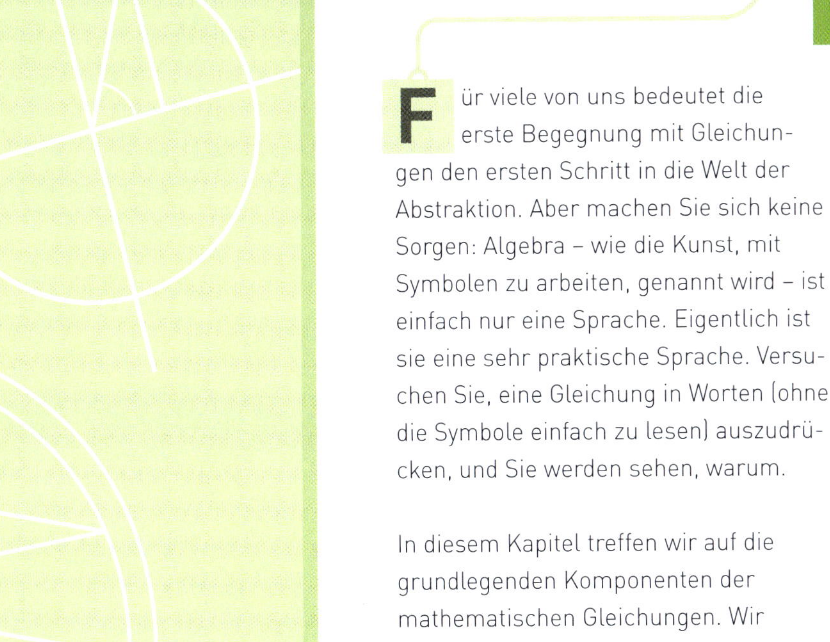

Für viele von uns bedeutet die erste Begegnung mit Gleichungen den ersten Schritt in die Welt der Abstraktion. Aber machen Sie sich keine Sorgen: Algebra – wie die Kunst, mit Symbolen zu arbeiten, genannt wird – ist einfach nur eine Sprache. Eigentlich ist sie eine sehr praktische Sprache. Versuchen Sie, eine Gleichung in Worten (ohne die Symbole einfach zu lesen) auszudrücken, und Sie werden sehen, warum.

In diesem Kapitel treffen wir auf die grundlegenden Komponenten der mathematischen Gleichungen. Wir sehen, wie Gleichungen in Verbindung mit den vertrauten Formen aus der Geometrie stehen, lernen, dass man einige Gleichungen lösen kann, andere nicht und erfahren, dass man einst heftige mathematische Duelle über deren Lösung ausfocht. Wir werden auch auf einige spezielle Gleichungen treffen und auf das schwierigste Problem in der Geschichte der Mathematik: den großen Fermatschen Satz.

Fortsetzung umseitig

Doch bevor wir beginnen, geben wir noch ein schönes Beispiel einer in Worten ausgedrückten Gleichung. Es handelt sich um ein Problem aus dem Buch *Lilavati* des indischen Mathematikers Bhaskara II aus dem 12. Jahrhundert.

Von einer Elefantenherde streifte die Hälfte gemeinsam mit einem Drittel der Herde durch einen Wald; ein Sechstel der Herde trank gemeinsam mit einem Siebentel Wasser an einem Fluss; ein Achtel der Herde spielte gemeinsam mit einem Neuntel mit Lotusblumen. Den Anführer der Herde sah man mit drei Weibchen. Aus wie vielen Elefanten bestand die Herde?

In eine Gleichung übertragen und etwas vereinfacht ergibt das $0{,}996x + 4 = x$.

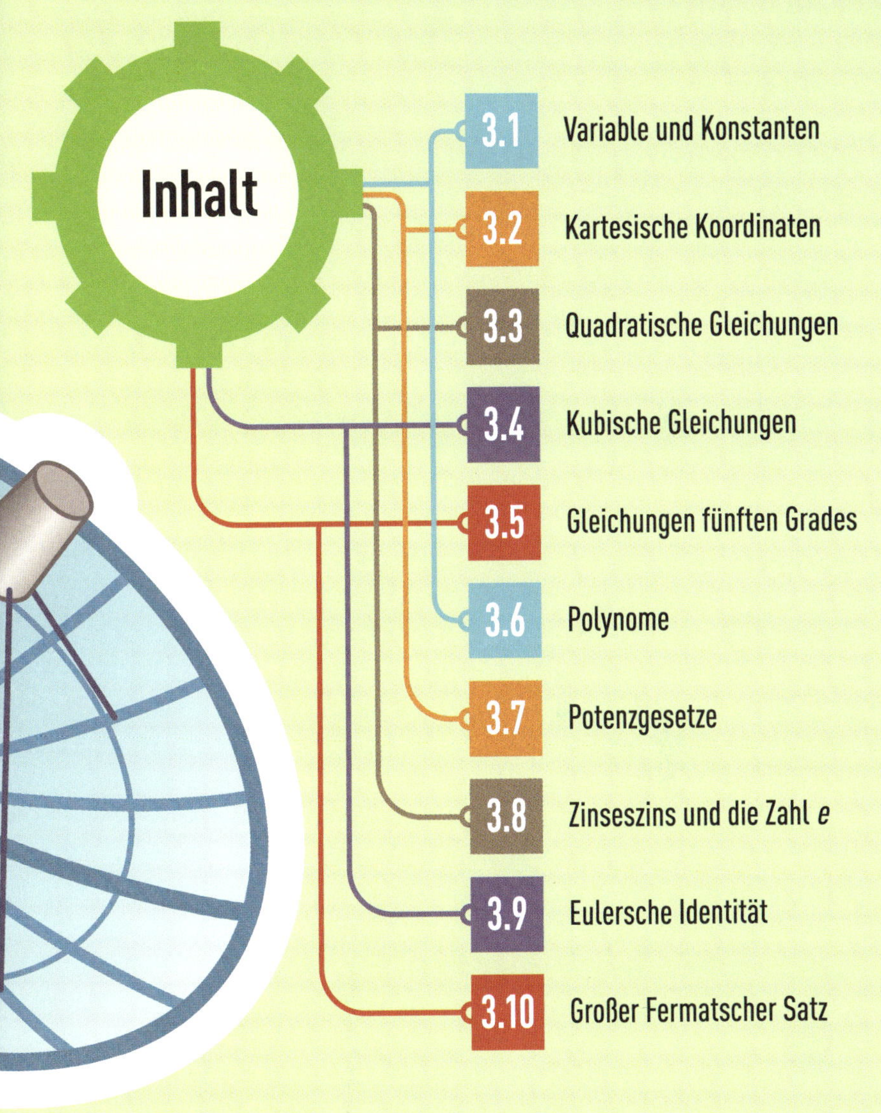
Inhalt
3.1 Variable und Konstanten
3.2 Kartesische Koordinaten
3.3 Quadratische Gleichungen
3.4 Kubische Gleichungen
3.5 Gleichungen fünften Grades
3.6 Polynome
3.7 Potenzgesetze
3.8 Zinseszins und die Zahl e
3.9 Eulersche Identität
3.10 Großer Fermatscher Satz

3.1 Variable und Konstanten

Die Macht der Abstraktion – erfasst in wenigen freundlichen Symbolen.

Wenn man € x in einem Monat verdient, wie viel verdient man dann in einem Jahr. Die Antwort ist $12x$. Nimmt man y für das jährliche Einkommen, ergibt das: $y = 12x$.

Dies ist ein Beispiel einer **Gleichung**. Das Symbol x nennt man eine **Variable**, weil sie theoretisch für jede beliebige Zahl stehen könnte. Das Symbol y ist eine **abhängige Variable**, da ihr Wert von x abhängt. Und die Zahl 12 nennt man eine **Konstante**, aus dem offensichtlichen Grund, dass sie sich nicht ändert.

Die Verwendung von Symbolen, die Zahlen repräsentieren, bringt uns mitten in die Welt der Algebra. Für eine allgemeine Gleichung könnte man auch zum Beispiel das Symbol a für die Konstante 12 nehmen. Die Gleichung $y = ax$ würde dann jede Situation, in der die Variable y gleich dem Vielfachen einer feststehenden Zahl (nämlich a) von x ist, abdecken, egal ob x für Ihr Einkommen oder, sagen wir, für den Preis eines Hamburgers steht.

Das Wort „Algebra“ kommt aus dem Arabischen; *al-dschabr* bedeutet „Zusammenfügung“.

Heute wird Algebra als selbstverständlich betrachtet, aber der Schritt in die Abstraktion war in der Entwicklung der Mathematik ein großer Fortschritt. Die Verwendung von Symbolen war eigentlich bis zum 15. Jahrhundert nicht gebräuchlich. Davor drückten die Menschen Gleichungen in Worten aus, was manchmal ziemlich mühsam sein konnte.

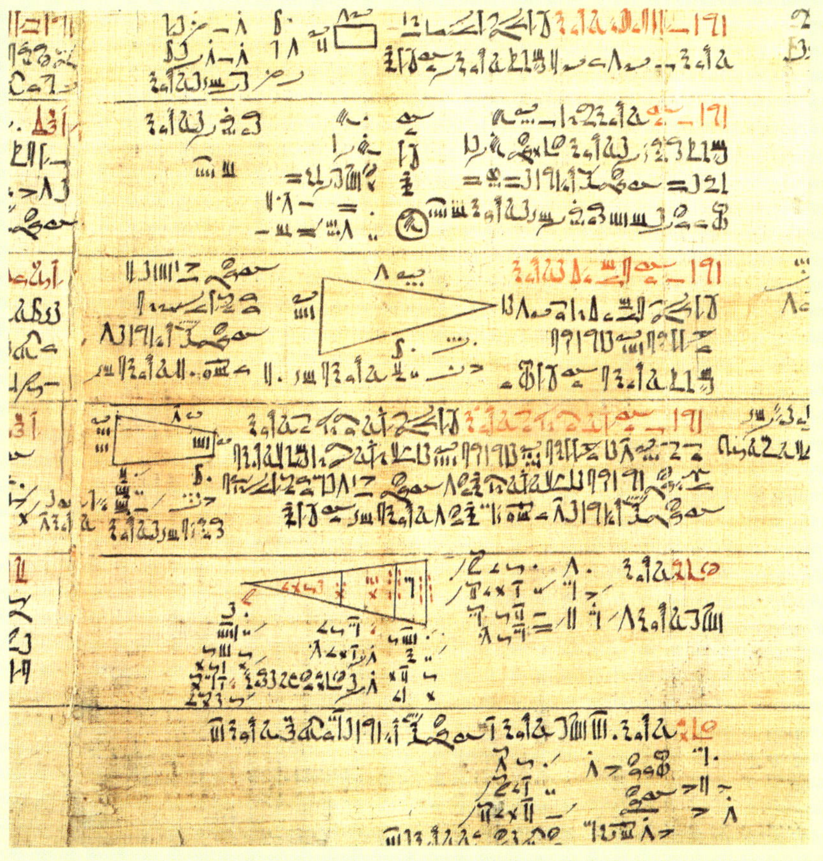

Eine der ersten Aufzeichnungen von algebraischer Abstraktion findet sich im 5,5 m-langen Rhind-Papyrus, der um 1650 v.Chr. in Ägypten angefertigt wurde. Heute liegt er im British Museum in London.

3.2 Kartesische Koordinaten

Oft betrachtet man Algebra und Geometrie als zwei getrennte Bereiche der Mathematik, doch eigentlich gibt es eine tief greifende Verbindung zwischen den beiden.

Eines Tages lag der französische Mathematiker René Descartes (1596–1650) im Bett und betrachtete eine Fliege an der Wand (so sagt es zumindest die Legende). Er überlegte, wie man den Standort der Fliege am besten beschreiben könnte, und kam zu einem Ergebnis, das man heute **Kartesisches Koordinatensystem** nennt.

Um einen Punkt auf einer Ebene zu bestimmen (zum Beispiel den Standort der Fliege) zieht man zwei rechtwinklig aufeinandertreffende Achsen. Der Punkt, in dem sich die beiden Achsen treffen, nennt man *O*. Jeder beliebige Punkt ist demnach von zwei Koordinaten determiniert: die erste gibt den horizontalen Abstand zu *O* an und die zweite den vertikalen Abstand zu *O*. Die erste Koordinate nennt man üblicherweise x-Achse und die zweite y-Achse.

Und die Verbindung zur Algebra? Man nehme die Gleichung $y = 2x$. Nun schaut man, welche Punkte mit den Koordinaten (x,y) diese Gleichung erfüllen. In anderen Worten: Man sucht die Punkte, deren Koordinaten die Form $(x, 2x)$ haben. Der Punkt (0,0) erfüllt die Forderung – und auch die Punkte (1,2) und (2,4).

Wenn man ein wenig nachdenkt, sieht man, dass die Punkte, deren Koordinaten die Gleichung erfüllen, alle auf einer Geraden liegen, welche die Punkte (0,0), (1,2) und (2,4) verbindet. Tatsächlich determiniert die Gleichung genau diese Gerade.

Die Gleichung $x^2 + y^2 = 2^2$ definiert einen Kreis mit dem Mittelpunkt (0,0) und einem Radius von 2.

Das Kartesische Koordinatensystem

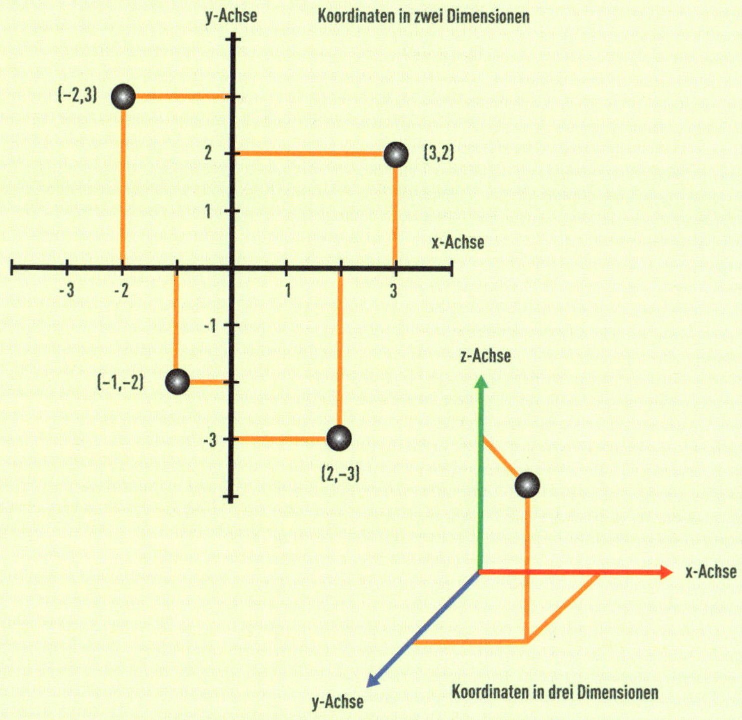

Das oben stehende Diagramm zeigt Koordinaten in zwei und drei Dimensionen. Die Verbindung zwischen Algebra und Geometrie erlaubt Mathematikern, Problemstellungen in der Algebra mit Geometrie zu lösen und umgekehrt.

3.3 Quadratische Gleichungen

Quadratische Gleichungen sind solche, in denen die höchste Potenz eine Variable von 2 ist. Sie sind in vielen Zusammenhängen nützlich.

Die Größe einer quadratischen Fläche mit der Seitenlänge xm ist x^2. In einer **quadratischen Gleichung** gibt es auch kleinere Potenzen von x. Die Größe einer anderen Fläche, die beispielsweise 2 m länger ist als die erste, wird wie folgt ausgedrückt:

$x(x + 2) = x^2 + 2x$.

Im Allgemeinen kann jede quadratische Gleichung geschrieben werden als
$y = ax^2 + bx + c$,

wobei x die veränderliche Variable ist; a, b und c die Koeffizienten sind; und der Wert von y vom Wert von x abhängt. Eine Grafik der Werte von y für unterschiedliche Werte von x (siehe Unterkapitel 3.2) ergibt eine Form, die man **Parabel** nennt.

Parabeln haben eine faszinierende Eigenschaft: Jeder zu ihrer Achse parallel einfallende Strahl wird von der Parabel durch ein und denselben Punkt auf dieser Achse, den **Brennpunkt**, zurückgeworfen (siehe gegenüberliegende Seite). Deshalb hat eine Satelliten-Antenne, wenn man sie in der Mitte durchschneidet, die Form einer Parabel. Die Antenne wird so aufgestellt, dass die Strahlen, die empfangen werden, parallel zur Mittelachse auftreffen. Sie werden dann von der Oberfläche durch den Brennpunkt reflektiert, wo der Signalempfänger angebracht ist.

Die Glühbirne eines Autoscheinwerfers sitzt im Brennpunkt eines Parabolspiegels.

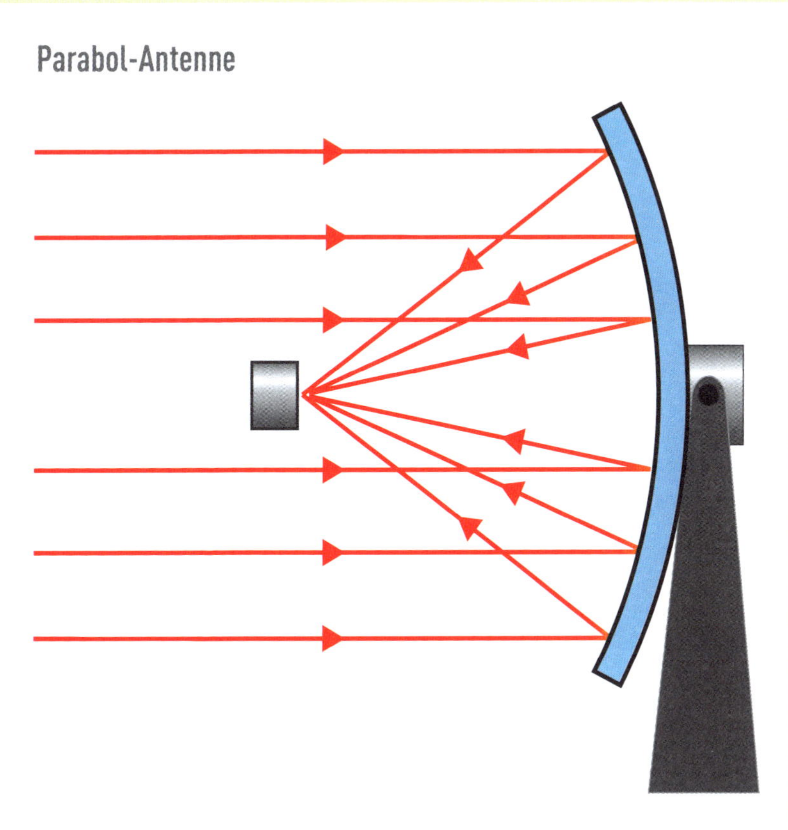

Was haben der Flug eines Balles durch die Luft, der anmutige Bogen eines Wasserstrahls aus dem Brunnen und die Form einer Satelliten-Antenne gemeinsam? Sie können alle mit einer quadratischen Gleichung beschrieben werden.

3.4 Kubische Gleichungen

Im 16. Jahrhundert forderten die Mathematiker einander zum Duell. Ihre Waffen waren mathematische Techniken zur Lösung von Gleichungen. Eine beliebte Herausforderung war die Lösung kubischer Gleichungen.

Kubische Gleichungen sind solche, bei denen 3 die höchste Potenz einer Variablen x ist. Zum Beispiel:
$x^3 + 2x - 33 = 0$ mit der Lösung $x = 3$.
Man könnte glauben, die Lösung sei relativ einfach, da wir die Regel zur Lösung quadratischer Gleichungen aus der Schule kennen (siehe Unterkapitel 3.3). Der Wert von x in der quadratischen Gleichung $ax^2 + bx + c = 0$ ist:

$$x = \frac{-b \pm \sqrt{b^2 - 4ac}}{2a}$$

Die **allgemeine Lösungsformel** für quadratische Gleichungen existiert zumindest seit 628 v.Chr., doch eine ähnlich allgemeine Regel für kubische Gleichungen erwies sich als schwierig. Wer auch immer eine Technik zur Lösung von bestimmten kubischen Gleichungen fand, hielt sie geheim. Zum Beispiel entwickelte man eine Methode zur Lösung reduzierter kubischer Gleichungen der Form $x^3 + bx + c = 0$, wollte sie aber nicht mit anderen teilen.

Der italienische Mathematiker Girolamo Cardano (1501–76) setzte den eifersüchtig gehüteten Geheimnissen ein Ende. Er erfuhr die Methode für die Lösung **reduzierter kubischer Gleichungen** unabhängig aus zwei Quellen. Die eine, Tartaglia, ließ Cardano schwören, das Geheimnis zu bewahren. Cardano gab sie jedoch in seinem Werk *Ars Magna* (*Die Große Kunst*) heraus und fand einen genialen Weg, jede kubische Gleichung zu lösen.

Die *Ars Magna* beinhaltete das erste Beispiel der Berechnung einer Quadratwurzel einer negativen Zahl (siehe Unterkapitel 1.9).

Reduzierte kubische Gleichungen

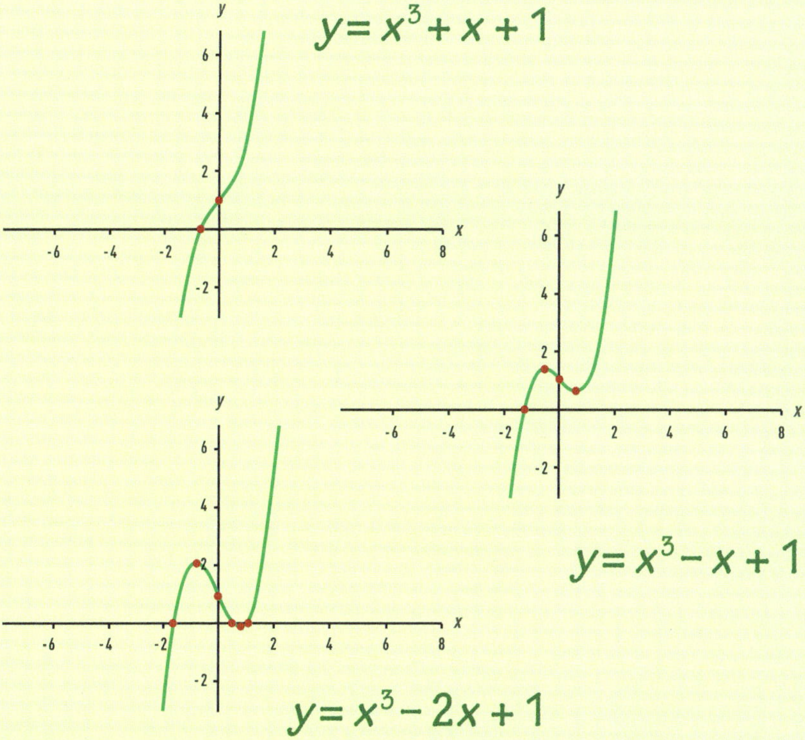

Die drei Grafiken sind Beispiele für reduzierte kubische Gleichungen – das heißt, solche, die nicht zum Quadrat erhoben sind. Scipione del Ferro (1465–1526) und Niccolò Fontana (ca. 1500–57) entwickelten unabhängig voneinander die Methode, reduzierte kubische Gleichungen zu lösen.

3.5 Gleichungen fünften Grades

Die Suche nach einer Lösung für Gleichungen führte zum Entstehen der Symmetrie und zeichnete sich durch das Werk zweier tragischer Helden aus.

Wie lautet x, wenn $x^5 = 32$? Die Antwort ist $x = 2$. Das zeigt, dass es sehr gut möglich ist, eine **Gleichung fünften Grades** zu lösen – in der 5 die höchste Potenz von x ist.

Die Frage ist, ob es eine **allgemeine Lösung** gibt: eine Formel, ähnlich der für eine quadratische Gleichung, die zu einer Lösung für jede Gleichung fünften Grades bietet. Die vielleicht überraschende Antwort: nein. Das wurde 1824 vom 22-jährigen norwegischen Mathematiker Niels Henrik Abel (1802–29) bewiesen. Leider starb Abel fünf Jahre später verarmt an Tuberkulose.

Nur wenig später gelang es dem Franzosen Évariste Galois (1811–32), zu verstehen, warum eine Gleichung fünften Grades keine allgemeine Lösung erlaubt. Galois erkannte, dass bei Gleichungen oft Symmetrien am Werk sind. Ein flüchtiger Eindruck dieser Symmetrie zeigt sich bei der Betrachtung von: Wenn x eine Lösung für $x^5 = 32$ ist, dann ist $-x$ eine Lösung für $x^5 = -32$. Es ist, als ob x und $-x$ einander spiegeln.

Galois entwickelte in der Folge eine Theorie der Symmetrie (siehe Unterkapitel 7.1), in der er erklärte, warum es für Gleichungen fünften Grades keine allgemeine Lösung gibt. Leider erfuhr auch Galois ein tragisches Ende: 1832 wurde er im Alter von erst 20 Jahren in einem Duell getötet.

Galois Werk legte den Grundstein für die Gruppentheorie, eine wichtige Säule in der Welt der Mathematik.

Perfekte Symmetrie

$ax^5 + bx^4 + cx^3 + dx^2 + ex^2 + fx + e$

Die allgemeine Formel für eine Gleichung fünften Grades.

Galois legte den Grundstein für die Gruppentheorie – die mathematische Studie über die Symmetrie. Sie erfährt viele Anwendungen in der Physik, einer Disziplin, in der vermutet wird, dass zugrunde liegende Gleichungen Symmetrien aufweisen.

3.6 Polynome

Ausdrücke aus Vielfachen der Potenzen einer Variablen, die zu einander addiert oder voneinander subtrahiert werden, nennt man Polynome.

Beispiele von **Polynomen** sind:

$x^4 + 2x^3 - 3x^2 + 4x + 5$
$2x^{10} - 10x^5 + 7x^3 + 9x^2 + 4x + 17.$

Solche Gleichungen zu lösen, ist nicht immer eine einfache Aufgabe (siehe Unterkapitel 3.5), doch Polynome haben eine wunderbare Eigenschaft: Man kann andere mathematische Ausdrücke damit aufschreiben. Als Beispiel nehmen wir die Trigonometrie (siehe Unterkapitel 2.4). Der Kosinus von x, $\cos(x)$, kann geschrieben werden als:

$$\cos(x) = 1 - \frac{x^2}{2!} + \frac{x^4}{4!} - \frac{x^6}{6!} + \ldots$$

Das unendlich lange Polynom wird **Potenzreihe** genannt und ihr ist ein wunderschönes Muster eigen. Ein komplementärer Ausdruck gilt für den Sinus von x, $\sin(x)$.

Es gibt unendlich viele Polynome für viele mathematische Ausdrücke und sie sind in zahlreichen mathematischen Kontexten nützlich. Wollte man zum Beispiel $\sin(x)$ oder $\cos(x)$ für einen bestimmten Wert x berechnen, hat aber keine entsprechende Taste auf seinem Rechner, so kann man sich dem Ergebnis annähern, indem man die ersten paar Elemente der Potenzreihe errechnet.

Für eine Zahl n wird das Produkt von $n \times (n-1) \times (n-2) \times (n-3) \times \ldots \times 2 \times 1$ n faktoriell genannt und auf n gekürzt! (siehe gegenüberliegende Seite).

Grafik einer polynomen Funktion

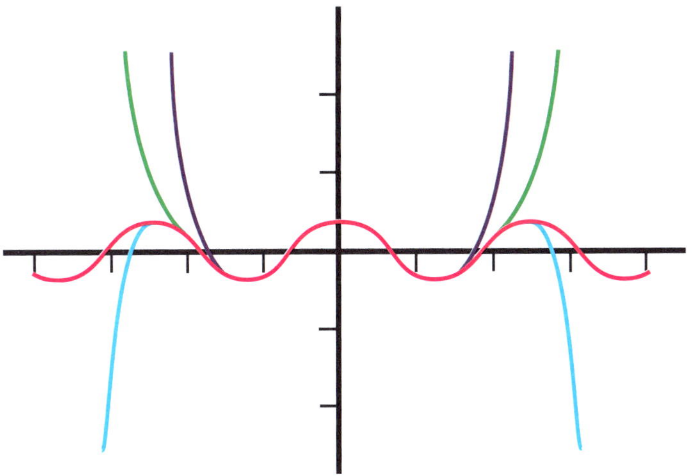

$$f(x) = 1 - \frac{x^2}{2!} + \frac{x^4}{4!} - \frac{x^6}{6!} + \frac{x^8}{8!}$$

$$f(x) = 1 - \frac{x^2}{2!} + \frac{x^4}{4!} - \frac{x^6}{6!} + \frac{x^8}{8!} - \frac{x^{10}}{10!} + \frac{x^{12}}{12!}$$

$$f(x) = 1 - \frac{x^2}{2!} + \frac{x^4}{4!} - \frac{x^6}{6!} + \frac{x^8}{8!} - \frac{x^{10}}{10!} + \frac{x^{12}}{12!} - \frac{x^{14}}{14!}$$

Die purpurfarbene Kurve repräsentiert cos(*x*). Die anderen Kurven repräsentieren die Annäherung an cos(*x*) unter Verwendung der ersten paar Elemente der Potenzreihe.

3.7 Potenzgesetze

Überraschend viele Phänomene in der Welt – natürliche und von Menschenhand erzeugte – werden durch eine bestimmte Kategorie von Gleichungen beschrieben.

Diese Kategorie besteht aus Gleichungen der Form

$y = 1/x$
$y = 1/x^2$
$y = 1/x^3$

und so weiter. Wann immer eine Variable y um eine Zahl k proportional nach $1/x^k$ variiert, sagt man, sie folge einem **Potenzgesetz**.

Netzwerke – soziale Netzwerke, Internet, Energieversorgungsnetz oder Verkehrsnetz – sind eine wichtige Kategorie von Abläufen, die **Potenzgesetzen** folgen. In so einem Netzwerk ist jeder Knoten (zum Beispiel eine Person) mit einer Anzahl anderer Knoten verknüpft (ihren Freunden). Zählt man die Anzahl y der Knoten, die mit genau x anderen Knoten verknüpft sind, sieht man oft, dass die Relation zwischen x und y ähnlich $y = 1/x^k$ ist, wobei k normalerweise eine kleine Zahl ist, irgendwo zwischen 2 und 4.

Diese Allgemeingültigkeit von Potenzgesetzen mag überraschend erscheinen, doch Mathematiker haben gezeigt, dass es einfach das Ergebnis eines simplen Mechanismus sein könnte, nämlich „die Reichen werden reicher". Wenn man annimmt, dass ein Netzwerk wächst, indem Knoten sich immer mit Knoten mit vielen Verbindungen verknüpfen, kann man beweisen, dass sich die Relation in der Form $y = 1/x^k$ ziemlich natürlich ergibt.

Erdbeben folgen einem Potenzgesetz, wobei die Anzahl der Beben die Magnitude *x* aufweist.

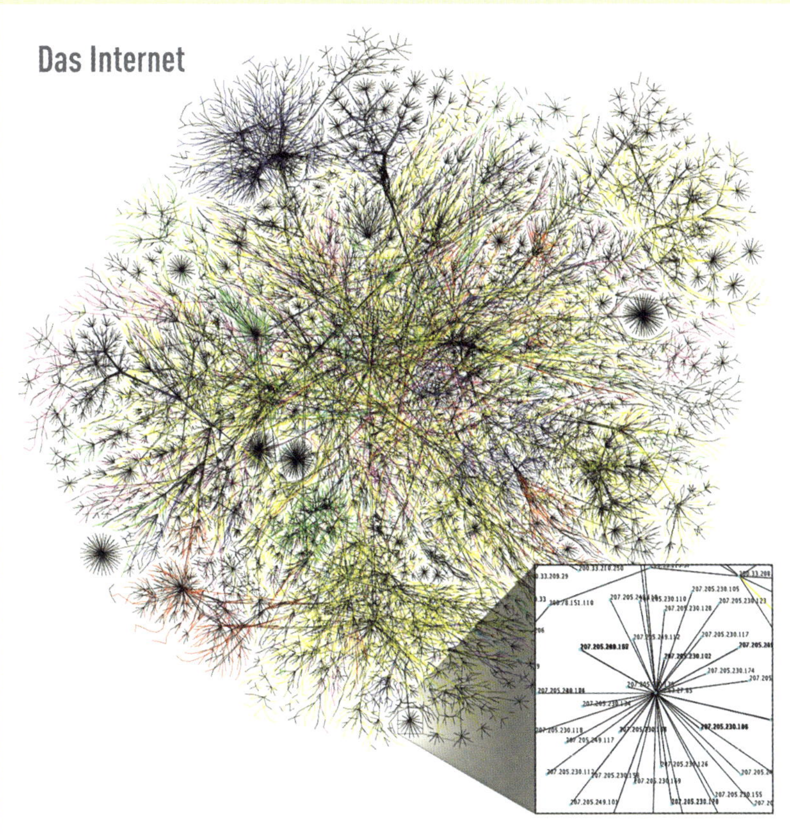

Viele Netzwerke zeigen ähnliche Eigenschaften, das Verhalten der Potenzgesetze in Bezug auf die Verteilung von Knoten inbegriffen. Das Bild zeigt einen Teil des Internets, basierend auf Daten aus dem Jahre 2005.

3.8 Zinseszins und die Zahl *e*

Schulden sind kein Spaß, aber es ist gut zu wissen, dass *e*, eine der wichtigsten Zahlen in der Mathematik, sich hinter der Berechnung der Zinsen versteckt.

Nehmen wir an, man borgt sich € 100 zum jährlichen Zinssatz von 100 % (wenn auch unrealistisch). Der Gesamtbetrag der Schulden am Ende des ersten Jahres umfasst den ursprünglichen Betrag von € 100 plus € 100 Zinsen. Was passiert, wenn die Bank die Zinsen vierteljährlich berechnet, unter Verwendung von je einem Viertel des Zinssatzes?

Nach den ersten drei Monaten betragen die Schulden: $100 + \frac{1}{4} \times 100 = 100 \times (1 + \frac{1}{4}) =$ € 125.

Nach sechs Monaten betragen die Schulden: $100 \times (1 + \frac{1}{4}) + \frac{1}{4} \times (100 \times (1+ \frac{1}{4})) = 100 \times (1 + \frac{1}{4})^2 =$ € 156.25.

Nach einem Jahr: $100 \times (1 + \frac{1}{4})^4 =$ € 244.14 – mehr als zwei Mal soviel wie der ursprüngliche Betrag.

Wenn die Bank die **Zinseszinsen** n Male im Jahr unter der Verwendung von $\frac{1}{n}$ des Zinssatzes berechnet, wächst die geschuldete Gesamtsumme um den Faktor $(1+\frac{1}{n})^n$. Je öfter die Berechnung vorgenommen wird, (das heißt, je größer der Wert von n ist), desto größer sind die Schulden.

Gott sei Dank gibt es eine Grenze: *e*. Wenn man diesen Zinseszinsfaktor für immer höhere Werte von n berechnet, kommt man immer näher an (aber überschreitet nie) den Wert von:

$e = 2.718281828459045235360287471352662497757247093699995\ldots$

Die Zahl *e* kann man verwenden, um komplizierte Gleichungen zu umschreiben und den Zuwachs in viel einfacherer Form zu beschreiben.

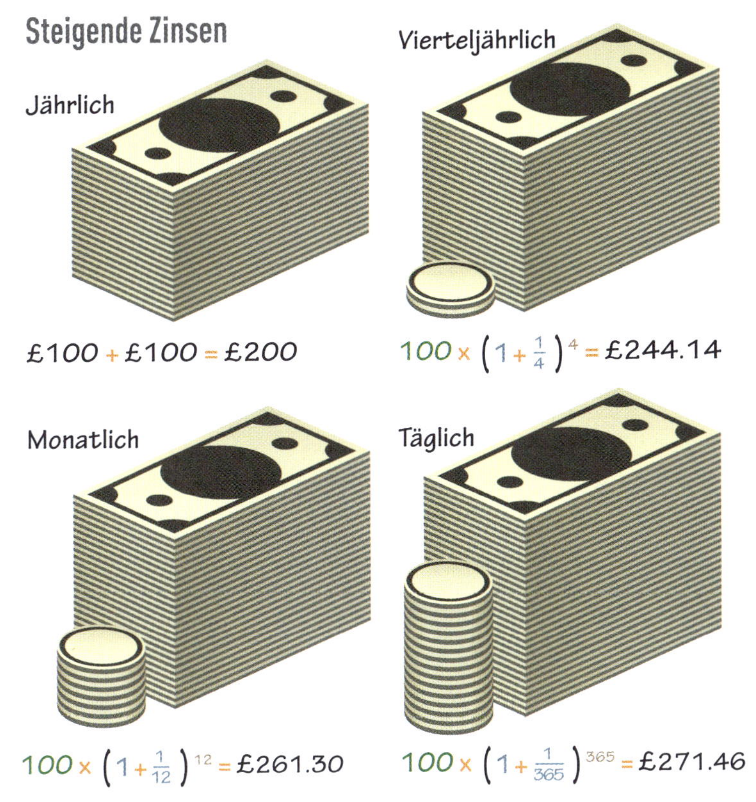

Der Betrag, den man nach einem Jahr schuldet, ist umsto größer, je öfter die Zinsen während dieser Zeitspanne berechnet werden. Der Zuwachs oder Zinseszins ist der Fluch der Schulden und gleichermaßen der Segen des Sparens.

3.9 Eulersche Identität

Man frage jeden Mathematiker, welche Gleichung in der Mathematik die schönste sei; die Antwort wird wahrscheinlich lauten: die Eulersche Identität.

Das ist die **Eulersche Formel**:

$e^{i\pi} + 1 = 0.$

Warum schön? Ein Grund ist, dass die Gleichung wichtige mathematische Zahlen enthält: *e* verkörpert das Wachstum; *i* die Quadratwurzel von -1 und das Herzstück der komplexen Zahlen; π von den Kreisen und der Geometrie; und 0 und 1, die Bausteine unseres Zahlensystems.

Ein anderer Grund ist die Einfachheit der Gleichung. Sie basiert auf der Formel, die Leonhard Euler (1707–83) bei der Betrachtung entwickelte, wie die Zahl *i* zum Rest der Mathematik passte:

$e^{i\theta} = \sin\theta + i\cos\theta.$

Es erweist sich, dass eine komplexe Zahl die Position eines Punktes auf einer Ebene beschreibt, und dass beide Seiten dieser Gleichung dieselbe komplexe Zahl beschreiben (siehe gegenüberliegende Seite). Man kommt zu dem Punkt $e^{i\pi}$, wenn man den Winkel θ um 180 Grad dreht (das ist das Äquivalent von π in *Radiant*, einer anderen Maßeinheit für Winkel), welcher der Punkt (–1,0) ist. So erhalten wir aus der Eulerschen Formel:

$e^{i\pi} = -1 + 0.$

Dies kann man leicht zur **Eulerschen Identität** umformen.

Diese wenigen Symbole vermitteln elegant eine Fülle an Wissen – der Höhepunkt jahrhundertelanger mathematischer Arbeit.

Eulersche Formel

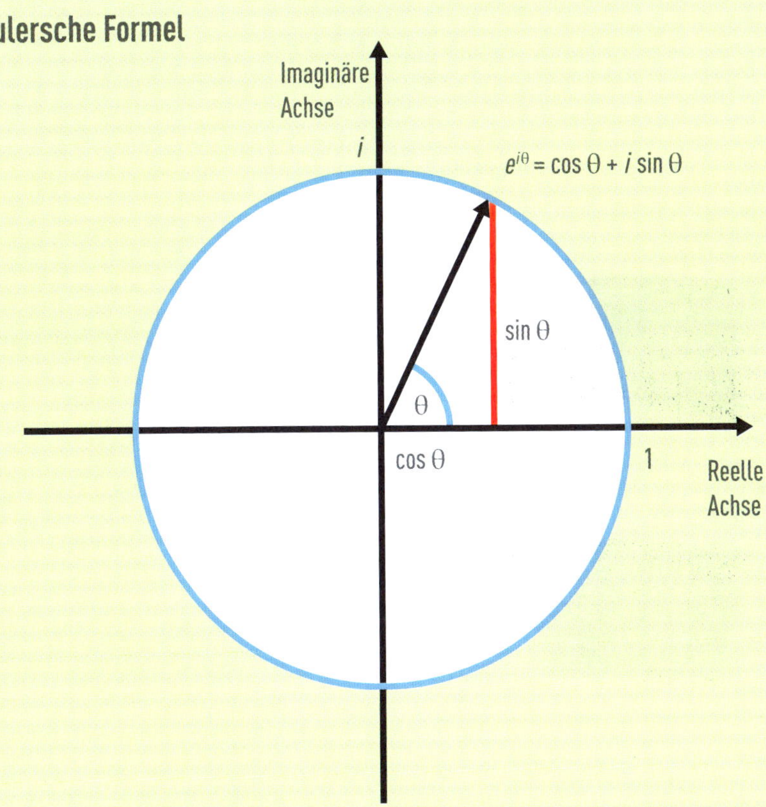

Die linke Seite der Eulerschen Formel beschreibt die Position eines Punktes in Form eines Pfeiles ausgehend vom Koordinatenursprung mit der Länge 1 in einem Winkel θ zur horizontalen Achse. Die rechte Seite beschreibt den Punkt unter Verwendung der Koordinaten $(\cos \theta, \sin \theta)$.

3.10 Großer Fermatscher Satz

Der Große Fermatsche Satz, eines der meist gefeierten mathematischen Resultate des letzten Jahrhunderts, basiert auf dem bescheidenen rechtwinkligen Dreieck.

Wie man auf der gegenüberliegenden Seite erkennt, gibt es viele Dreiergruppen von ganzen Zahlen, die die Forderungen des Satzes des Pythagoras erfüllen. Diese **Pythagoreischen Tripel** brachten im 17. Jahrhundert den französischen Mathematiker Pierre de Fermat (1601–65) zur Überlegung, ob es Dreiergruppen für Potenzen größer als 2 gäbe, das heißt, ganze Zahlen, für die gilt:

$a^3 + b^3 = c^3$ oder $a^4 + b^4 = c^4$ und so weiter.

Er vermutete überraschenderweise, dass keine gäbe. Diese Vermutung – dass es keine ganzen Zahlentripeln für Potenzen größer als 2 gäbe – ist bekannt als der *Große Fermatsche Satz*.

Fermat notierte seine Vermutung am Rande eines Buches, und schloss mit folgender Bemerkung ab: *„Ich habe einen wahrlich wunderbaren Beweis dafür gefunden, aber dieser Rand ist zu schmal dafür, um ihn aufzuschreiben."*

Diese Zeile reizte viele Mathematiker über mehr als 350 Jahre, bis der Brite Sir Andrew Wiles die Welt 1993 mit einem Beweis überraschte. Eigentlich bewies er ein allgemeineres Resultat, das seinerseits den Großen Fermatschen Satz bestätigte. Nach der ersten Ankündigung brauchten er und ein Kollege noch ein ganzes Jahr, um einige Fehler zu beseitigen. Die Endfassung des Beweises umfasste 150 Seiten und beinhaltete neue mathematische Techniken mit großem Einfluss auf die Mathematik.

Wiles arbeitete sieben Jahre im Geheimen am Beweis für den Großen Fermatschen Satz.

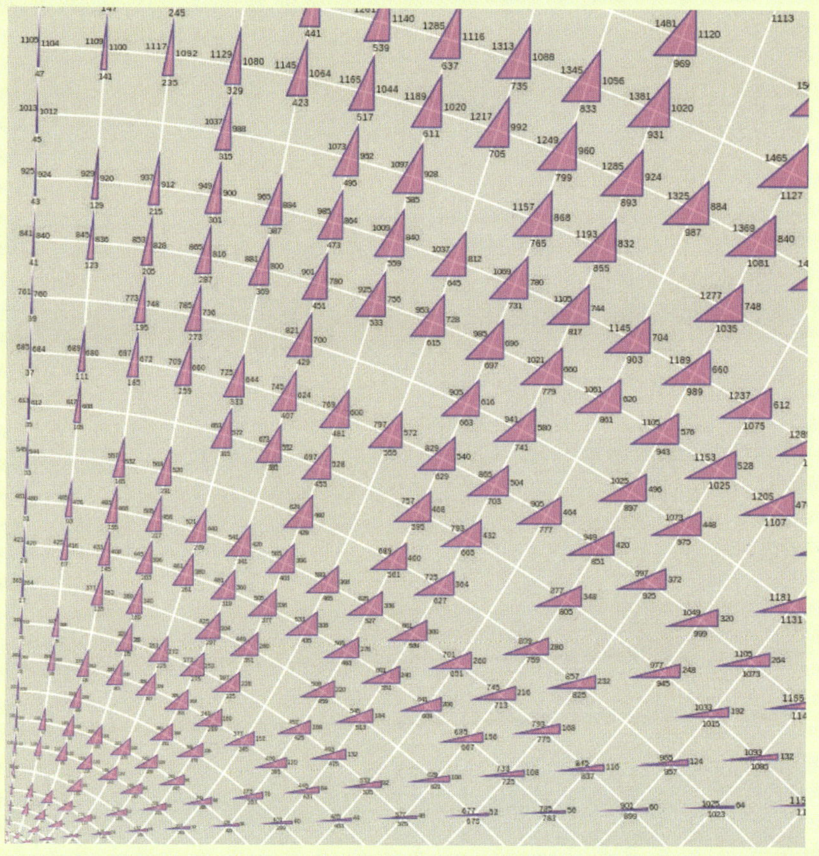

Es gibt viele Beispiele für ganze Zahlen *a*, *b* und *c*, die die Seiten eines rechtwinkligen Dreiecks bilden. Solche Dreiergruppen (*a*, *b*, *c*) werden Pythagoreische Tripel genannt. Es gibt unendlich viele solcher Dreiecke; einige Beispiele werden oben gezeigt.

GRENZWERTE

Mathematiker lieben es, Dinge an ihre Grenzen zu führen. Im Leben, wie in der Mathematik, ist es gut zu wissen, wohin der Weg führt. In diesem Kapitel werden wir untersuchen, was man intuitiv unter einer Folge von Schritten versteht, die auf ein Endziel zulaufen.

Dieser Gedanke taucht zum ersten Mal in der berühmtesten Zahlenfolge der Mathematik auf, die, wenn man sie in die Unendlichkeit verfolgt, eine endliche Zahl ergibt, die überall auftaucht – von Spiralgalaxien bis zu den Blättern einer Pflanze. Diese Zahl, genannt der „Goldene Schnitt", ist auch als die irrationalste der irrationalen Zahlen berüchtigt – eine Tatsache, der man auch Rechnung trägt, indem man sie auf eine spezielle Art, nämlich als Kettenbruch, schreibt. Zahlen so zu schreiben, enthüllt auch die besonderen Eigenschaften rationaler Zahlen sowie versteckte Muster innerhalb der irrationalen Zahlen.

Fortsetzung umseitig

Den Endpunkt einer unendlichen Folge nennt man Grenzwert. Der Ausdruck der Grenzwerte erlaubte es Mathematikern, die große Konstante des Lebens zu beschreiben – Veränderung. Infinitesimalrechnung beschreibt Veränderung mit Macht und Präzision. Ihre Entdeckung stand im Mittelpunkt eines der heftigsten Dispute zwischen den beiden Mathematikern, die sie unabhängig voneinander entdeckt hatten: Isaac Newton und Gottfried Leibniz.

In diesem Kapitel erfahren wir auch, wie man einen Kuchen in unendlich viele Stücke schneiden kann und wie das sorgfältige Unterteilen von Zeit bewirken kann, dass ein langsamer Konkurrent (in diesem Falle eine Schildkröte) es verhindert, ein Rennen zu verlieren. Vielleicht hätten Newton und Leibniz ihre Differenzen eher über einer Tasse Kaffee diskutieren oder bei einem Rennen beilegen sollen.

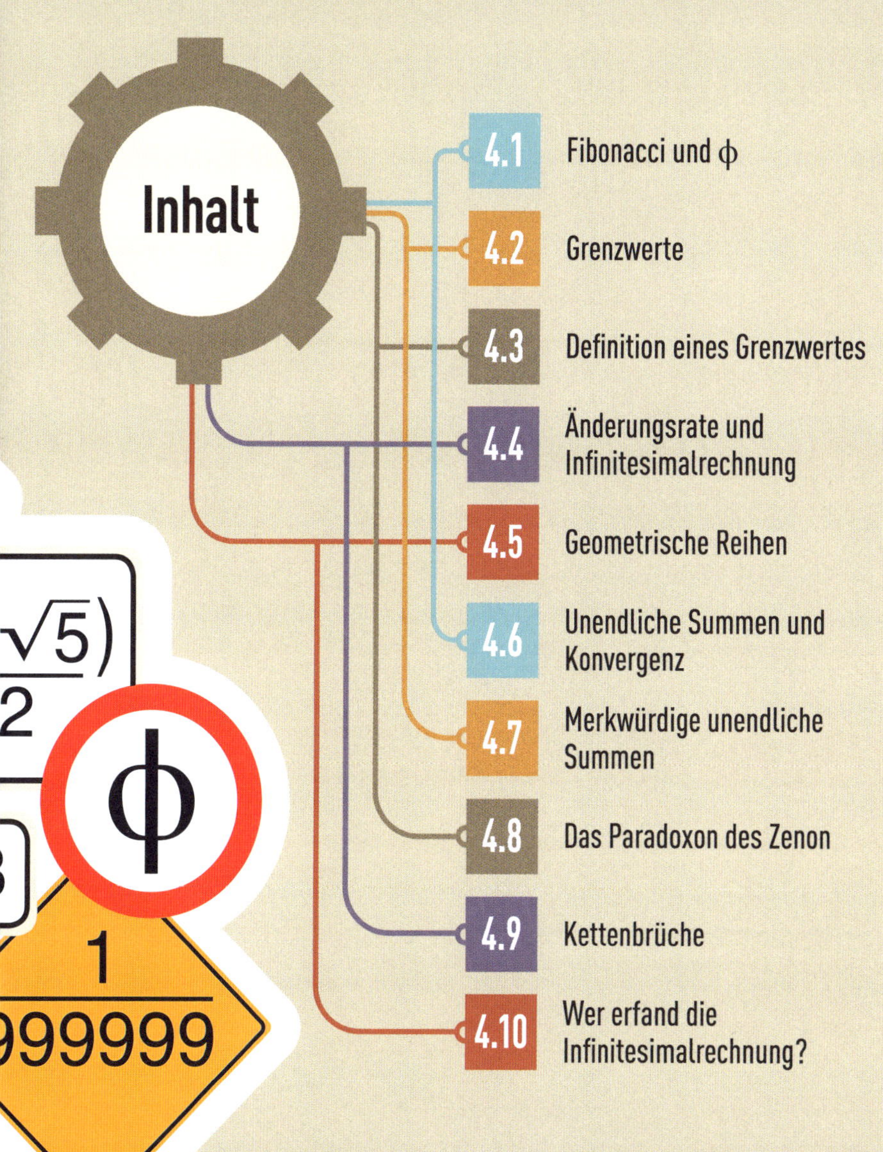
Inhalt
4.1 Fibonacci und ϕ
4.2 Grenzwerte
4.3 Definition eines Grenzwertes
4.4 Änderungsrate und Infinitesimalrechnung
4.5 Geometrische Reihen
4.6 Unendliche Summen und Konvergenz
4.7 Merkwürdige unendliche Summen
4.8 Das Paradoxon des Zenon
4.9 Kettenbrüche
4.10 Wer erfand die Infinitesimalrechnung?
ϕ
1

4.1 Fibonacci und ϕ

Die berühmte Zahlenfolge führt die Mathematik an ihre Grenze.

In der nachstehenden Zahlenfolge ist jede Zahl (von 2 aufwärts) die Summe der beiden vorhergehenden Zahlen.

1, 1, 2, 3, 5, 8, 13, 21, 34, 55, 89, 144, . . .

Die Folge ist benannt nach dem italienischen Mathematiker Fibonacci (ca. 1170–ca. 1250), der sie 1202 beschrieb, und hat interessante Eigenschaften – eine neue Folge entsteht, wenn man jeden Term durch den vorhergegangenen dividiert:

$1/1$, $2/1$, $3/2$, $5/3$, $8/5$, $13/8$, $21/13$, $34/21$, $55/34$, $89/55$, $144/89$, . . .

Im Dezimalsystem ausgedrückt (gerundet auf vier Dezimalstellen) sieht das so aus:

1; 2; 1,5; 1,6667; 1,6; 1,6250; 1,6154; 1,6190; 1,6176; 1,6181; 1,6180.

Geht man der Folge nach, scheinen die Zahlen immer im Bereich von 1,618 zu bleiben. Tatsächlich nähern sie sich willkürlich einer ganz speziellen Zahl an, genannt ϕ (*phi*):

$\phi = 1{,}618033988\ldots$, das man auch so schreiben kann:

$$\phi = \frac{(1+\sqrt{5})}{2}$$

Die Zahl ϕ taucht in vielen geometrischen Formen auf und findet sich neben der Fibonacci-Folge auch in Wachstumsmustern, zum Beispiel bei Pflanzen. Deshalb ist sie eine der berühmtesten Konstanten in der Mathematik.

ϕ wird der Goldene Schnitt genannt und ist bekannt seit den alten Griechen. Es ist auch das erste Beispiel eines Grenzwertes.

Die Fibonacci-Spirale

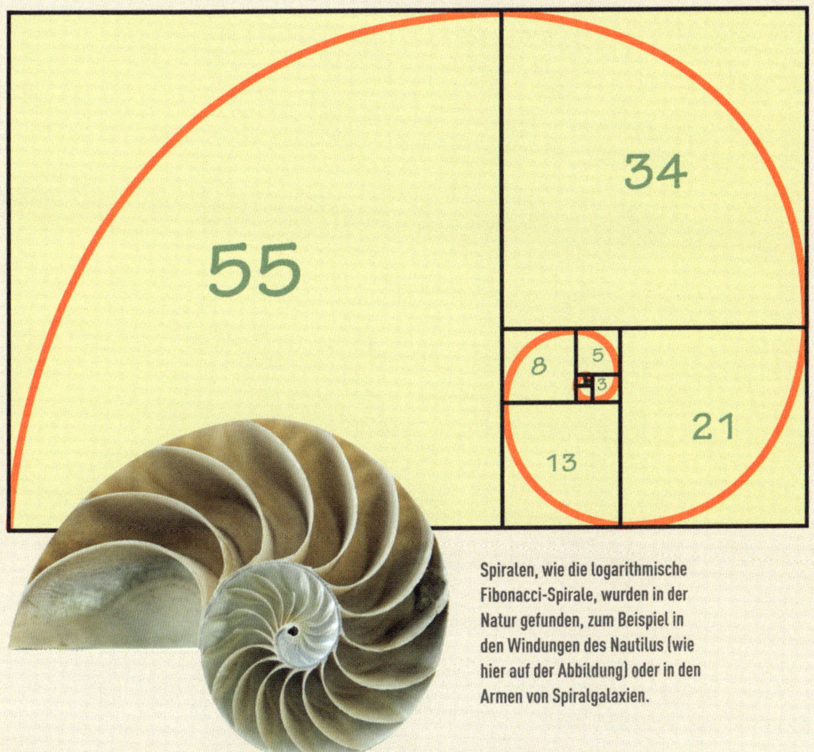

Spiralen, wie die logarithmische Fibonacci-Spirale, wurden in der Natur gefunden, zum Beispiel in den Windungen des Nautilus (wie hier auf der Abbildung) oder in den Armen von Spiralgalaxien.

Die Fibonacci-Spirale entsteht durch Kreisbögen, mit denen man die gegenüberliegenden Ecken von Quadraten verbindet, deren Seitenlängen (die oben stehenden Zahlen in den Quadraten) von der Fibonacci-Folge vorgegeben werden.

4.2 Grenzwerte

Viele Zahlenfolgen nähern sich einem Grenzwert an – und zwar auf unterschiedliche Arten.

Man betrachte die nachstehende Zahlenfolge:

$\frac{1}{2}, \frac{2}{3}, \frac{3}{4}, \frac{4}{5}, \frac{5}{6}, \frac{6}{7}, \ldots$

Mit fortschreitender Folge werden die Zahlen immer größer, übersteigen jedoch nie 1 – ein merkwürdiges Konzept – Zahlen einer Folge können größer und größer werden, jedoch einen Grenzwert nicht überschreiten. Deshalb, weil die Werte, um die sich diese Zahl vergrößert, immer kleiner werden, und keiner ist groß genug, um über 1 hinauszugehen. Ähnlich ist es bei kleiner werdenden Zahlen:

$\frac{1}{2}, \frac{1}{3}, \frac{1}{4}, \frac{1}{5}, \frac{1}{6}, \frac{1}{7}, \ldots$

In diesem Fall werden die Zahlen immer kleiner, fallen jedoch nie unter 0. Es gibt auch oszillierende Folgen mit ähnlichem Verhalten, zum Beispiel:

$\frac{1}{2}, -\frac{1}{3}, \frac{1}{4}, -\frac{1}{5}, \frac{1}{6}, -\frac{1}{7}, \frac{1}{8}, -\frac{1}{9}, \ldots$

Hier werden die Zahlen bei einem Schritt größer, beim nächsten kleiner. Sie schwanken jedoch nicht wahllos herum, sondern sie nähern sich 0.

Das beschreibt eines der wichtigsten Konzepte der Mathematik: Zahlenfolgen können zu einem bestimmten **Grenzwert konvergieren** – der zentrale Gedanke hinter der Infinitesimalrechnung (siehe Unterkapitel 4.4), die treibende Kraft vieler Anwendungen. Ohne Grenzwerte wäre die Mathematik selbst begrenzt.

Archimedes, berühmt für seinen Ausruf „Heureka" im Bad, war einer der ersten Mathematiker, der Grenzwerte verwendete.

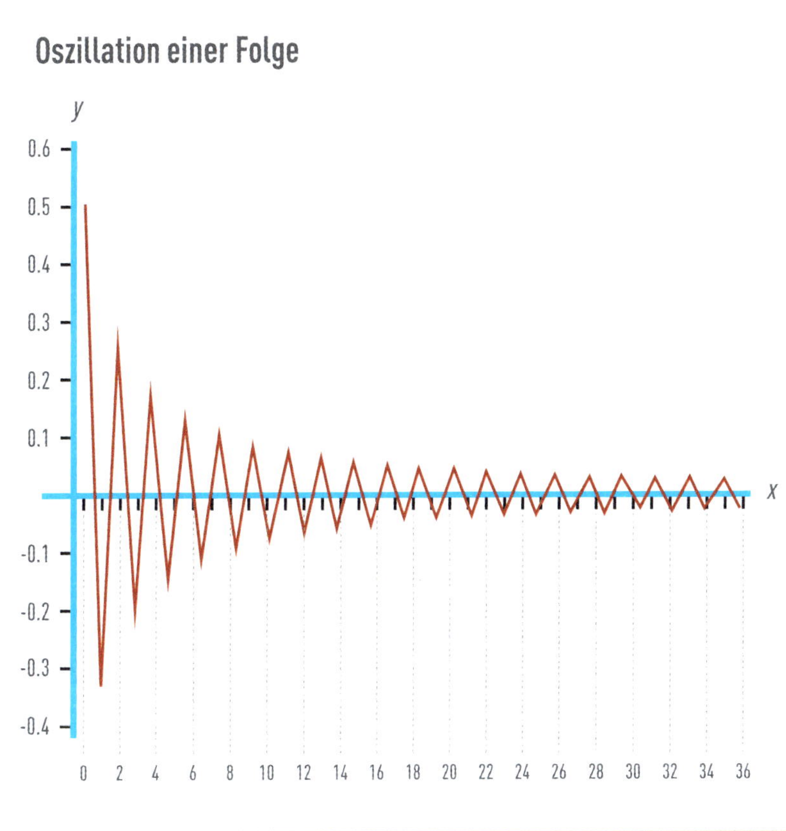

Diese Grafik illustriert eine Folge mit der Schwankungsbreite ½, –⅓, ¼, –⅕, . . .
Die Punkte nähern sich 0 von beiden Seiten der x-Achse, ohne je dort anzukommen.

4.3 Definition eines Grenzwertes

Intuitiv ist klar, was gemeint ist, wenn man sagt, eine Zahlenfolge konvergiere zu einem Grenzwert. Das in Worten auszudrücken, ist allerdings eine ziemliche Herausforderung.

Hier ist die korrekte Definition eines **Grenzwertes**. Haben Sie keine Angst, Sie werden sehen, es ist eigentlich ziemlich clever:

„Eine Zahl konvergiert gegen einen Grenzwert *x*, wenn man bei *jeder* gegebenen positiven Zahl ε (der griechische Buchstabe *Epsilon*), die beliebig klein sein kann, eine Zahl *N* ermitteln kann, die sehr groß sein muss, sodass alle Glieder der Folge, die nach dem *N*-ten Glied liegen, sich innerhalb einer Distanz von ε von *x* befinden."

Der Gedanke ist folgender: Wann immer man eine Zahl ε wählt, die wirklich sehr klein sein kann, sagen wir 0,0000001, dann wird es immer eine weitere Zahl in dieser Folge geben, nennen wir sie *a*, die innerhalb von ε von *x* liegt. Das erfasst die Tatsache, dass Zahlen in einer Folge sich willkürlich dem Grenzwert *x* annähern Die Zahl *N* steht dafür, dass die Möglichkeit aufgeschlossen wird, dass sich die Folge nach *a* wieder von *x* entfernt.

Versuche, einen Grenzwert in anderer Weise zu definieren, werden schnell auf Schwierigkeiten stoßen. Mit dieser Definition kommt die mathematische Sprache wirklich zu ihrem Recht.

Jeder Mathematiker weiß, dass ε immer eine sehr kleine Zahl ist.

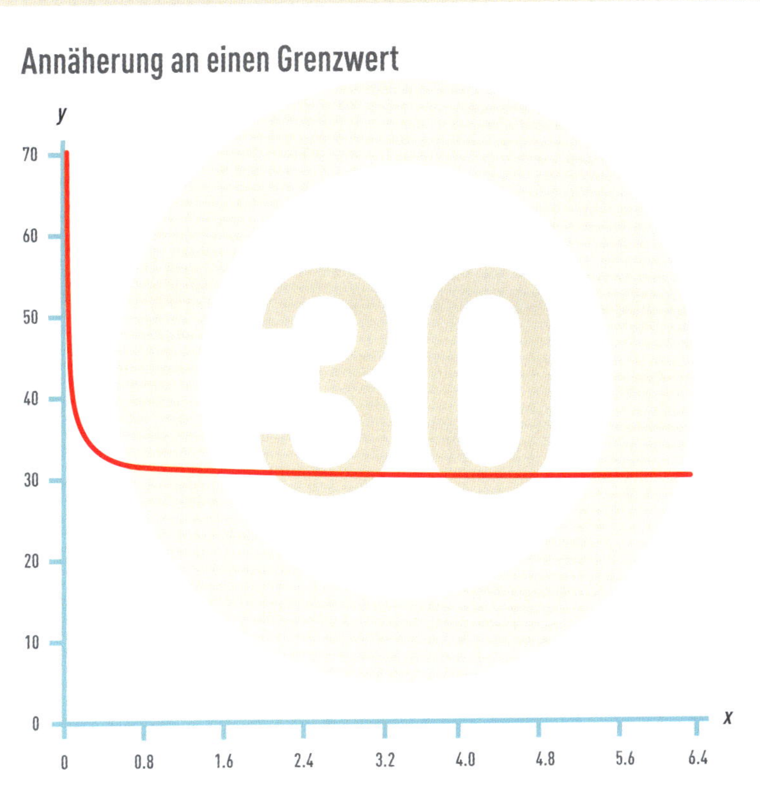

Die Grafik zeigt den Wert der Folge $30 + 1/x$ für $x = 1, 2, 3, \ldots$ Man muss bis zum 10.000.000-sten Glied gehen, um innerhalb von 0,0000001 des Grenzwertes 30 zu gelangen. Alle Glieder nach diesem Punkt bleiben innerhalb dieser Distanz von 30.

4.4 Veränderungsraten und Infinitesimalrechnung

Man sagt, die einzige Konstante im Leben ist die Veränderung. Deshalb ist es äußerst wichtig, zu verstehen, wie sich die Dinge ändern. Die Infinitesimalrechnung ist der beste Weg, sie zu beschreiben.

Wir sind überall im Leben mit **Veränderungsraten** konfrontiert: Geschwindigkeit ist die Veränderungsrate der Distanz; Beschleunigung beschreibt die Veränderungsrate von Geschwindigkeit; und Kraft ist die Veränderungsrate der Arbeit – alle gemessen in Beziehung zur Zeit.

Um diese zu berechnen, muss man die Zeit in Abschnitte einteilen. Ein Abschnitt könnte zum Beispiel die Zeit abdecken, die man braucht, um auf eine Leiter zu klettern. In dem Fall liegt die Veränderungsrate in der Distanz, die in dieser Zeiteinheit zurückgelegt wurde. Man kann die Zeit auch noch weiter unterteilen: für jede Sprosse der Leiter. Hier wäre die Veränderungsrate in der Distanz, die man zwischen den Sprossen in der neuen Zeiteinheit zurücklegt. Die bliebe konstant, wenn man für jede Stufe gleich viel Zeit aufwendet. Wird man jedoch müde und klettert langsamer, wird die Veränderungsrate in der zurückgelegten Distanz kleiner werden, auch wenn man sich mit jedem Schritt vorwärts bewegt.

Die **Infinitesimalrechnung** ist der Prozess, um die Veränderungsrate einer bestimmten Menge zu berechnen, wobei die Zeitabschnitte immer kleiner – **infinitesimal** – werden, bis man die Veränderungsrate für jeden Augenblick berechnen kann.

Man kann die Infinitesimalrechnung bei scharfen Winkeln, Pausen oder Sprüngen nicht anwenden – die Menge muss geringfügig abweichen.

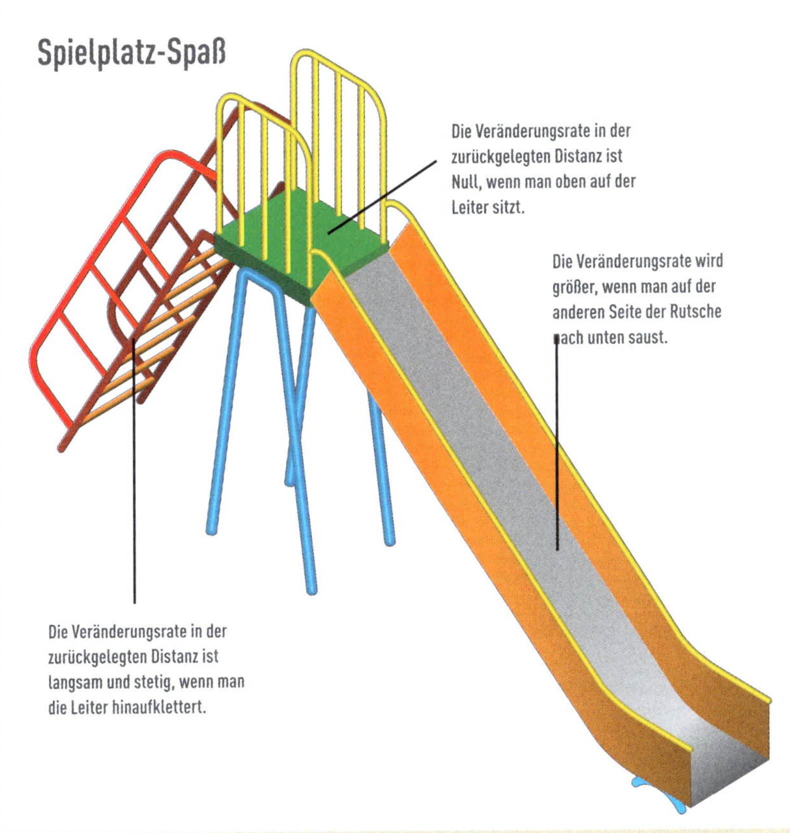

Spielplatz-Spaß
Die Veränderungsrate in der zurückgelegten Distanz ist Null, wenn man oben auf der Leiter sitzt.
Die Veränderungsrate wird größer, wenn man auf der anderen Seite der Rutsche nach unten saust.
Die Veränderungsrate in der zurückgelegten Distanz ist langsam und stetig, wenn man die Leiter hinaufklettert.

Um den Spaß an der Infinitesimalrechnung zu verstehen, denken Sie an die verschiedenen Schritte, die man auf einer Rutsche am Spielplatz ausführt. Zuerst steigt man auf die Leiter. Dann legt man vielleicht eine Pause oben auf der Rutsche ein, bevor man auf der anderen Seite heruntersaust.

4.5 Geometrische Reihen

Wie teilt man einen Kuchen zwischen unendlich vielen Leuten auf? Mit geometrischen Reihen.

Wenn man einen Kuchen wie auf dem Bild der gegenüberliegenden Seite aufteilt, bekommt jeder ein halb so großes Stück wie die Person davor. Die erste Person bekommt die Hälfte des Kuchens, die zweite die Hälfte der Hälfte etc.

$\frac{1}{2} \times \frac{1}{2} = \frac{1}{4} = \frac{1}{2}^2$

– und die Größe des Stückes für die n-te Person ist $\frac{1}{2}^n$.

Wenn man die Folge der Stücke betrachtet, dann erhält man eine **geometrische Reihe**:
$\frac{1}{2} + \frac{1}{4} + \frac{1}{8} + \frac{1}{16} + \frac{1}{32} + \ldots + \frac{1}{2}^n + \ldots$

– und die muss bei Addition 1 ergeben: den ganzen Kuchen.

Es ist erstaunlich, dass eine unendliche Reihe ein endliches Resultat haben kann. Eine geometrische Reihe ist eine solche, wenn der Quotient r zweier benachbarter Glieder in der Folge konstant ist. Im Allgemeinen hat eine geometrische Reihe eine endliche Summe, wenn (und nur wenn) der Quotient r strikt unter 1 bleibt.

Der gesamte Kuchen, der nach den ersten n Stücken aufgeteilt wurde, ist $1 - \frac{1}{2}n$.

Man gibt der ersten Person die Hälfte des Kuchens, der zweiten die Hälfte der verbleibenden Hälfte. Die nächste Person erhält die Hälfte des verbleibenden Restes und so weiter. Nach jedem Schnitt bleibt immer noch ein Stück Kuchen über.

4.6 Unendliche Summen und Konvergenz

Das vorhergehende Kapitel zeigt, dass die Summe unendlicher Partialsummen gleich 1 ist. Aber was meint man, wenn man von einer unendlichen Summe mit einem endlichen Wert spricht?

Man betrachte die **Partialsummen** einer unendlichen Summe – die Summen, die man erhält, wenn man jedes Mal ein Glied mehr addiert. Die *n*-te Partialsumme einer geometrischen Reihe der vorigen Seite ist:

$S_n = \frac{1}{2} + \frac{1}{4} + \frac{1}{8} + \frac{1}{16} + \frac{1}{32} + \ldots + \frac{1}{2^n}$.

Diese Partialsumme bildet eine Reihe mit einer Folge der Zahlen S_1, S_2, S_3 und so weiter. Wir wissen bereits, was es heißt, wenn eine Zahlenfolge konvergiert (siehe Unterkapitel 4.2 und 4.3). Wenn eine Folge von Partialsummen gegen einen Grenzwert konvergiert, dann sagt man, die unendliche Summe **konvergiert**.

Für ein endliches Ergebnis müssen die Glieder einer unendlichen Partialsumme offensichtlich kleiner und kleiner werden, was jedoch nicht immer reicht.
Die **harmonische** Reihe:

$1 + \frac{1}{2} + \frac{1}{3} + \frac{1}{4} + \frac{1}{5} + \ldots$

konvergiert nicht gegen einen endlichen Grenzwert, auch, wenn sich die einzelnen Glieder $\frac{1}{n}$ immer mehr Null annähern, denn die Partialsummen konvergieren nicht. Tatsächlich werden die Partialsummen unendlich groß – man nennt die Summe **divergent**.

Harmonische Reihen divergieren sehr langsam – man muss mehr als 10^{43} Glieder addieren, um eine Partialsumme über 100 zu bekommen!

Harmonische Reihen

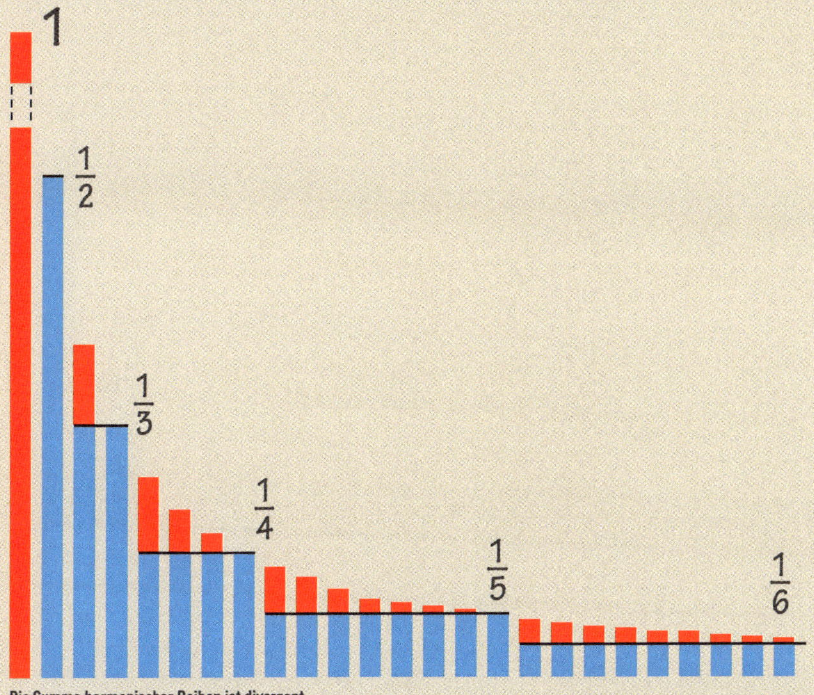

Die Summe harmonischer Reihen ist divergent.

Man kann die Glieder einer harmonischen Reihe in Gruppen unterteilen, wobei jede Gruppe mehr als die Hälfte ergibt. Das sieht man im oben stehenden Bild, wo die blauen Striche in jeder Gruppe genau ½ ergeben. Unendlich viele Hälften zu addieren, ergibt ein unendliches Ergebnis.

4.7 Merkwürdige unendliche Summen

Mit unendlichen Summen können Dinge richtig unterhaltsam werden.

Man betrachte die folgende unendliche Reihe:

$S = 1 - 1 + 1 - 1 + 1 - 1 + \ldots$

Man kann die Glieder zu Paaren wie folgt gruppieren:

$S = (1 - 1) + (1 - 1) + (1 - 1) + \ldots$

Jede Klammer einzeln berechnet ergibt: $S = 0 + 0 + 0 + \ldots$

S scheint gleich 0 zu sein. Schreibt man aber S als:

$S = 1 + (-1 + 1) + (-1 + 1) + (-1 + 1) + \ldots$

ergibt das $S = 1 + 0 + 0 + 0 + \ldots$, also wäre S gleich 1.

Es gibt also gute Gründe, zu glauben, dass die Summe gleichzeitig 0 und 1 sein kann. Das beruht auf der Tatsache, dass die unendliche Summe nicht im gewöhnlichen Sinn (siehe Unterkapitel 4.6) konvergiert. Mit diesen **divergenten** Summen kann man allerlei lustige Spielchen treiben. Und die Dinge werden noch merkwürdiger, betrachtet man die **alternierenden harmonischen Reihen**:

$1 - \frac{1}{2} + \frac{1}{3} - \frac{1}{4} + \frac{1}{5} - \frac{1}{6} + \ldots$

Ordnet man einfach die Reihenfolge der Glieder neu an, kann man die Summe gegen jede beliebige Zahl konvergieren lassen (im gewöhnlichen Sinn)! Da sieht man mal wieder: Unendliche Summen müssen mit Vorsicht behandelt werden.

Wenn man oszillierende harmonische Reihen in der üblichen Reihenfolge addiert, konvergieren sie gegen $ln(2) \approx 0{,}69$.

Der Casimir-Effekt

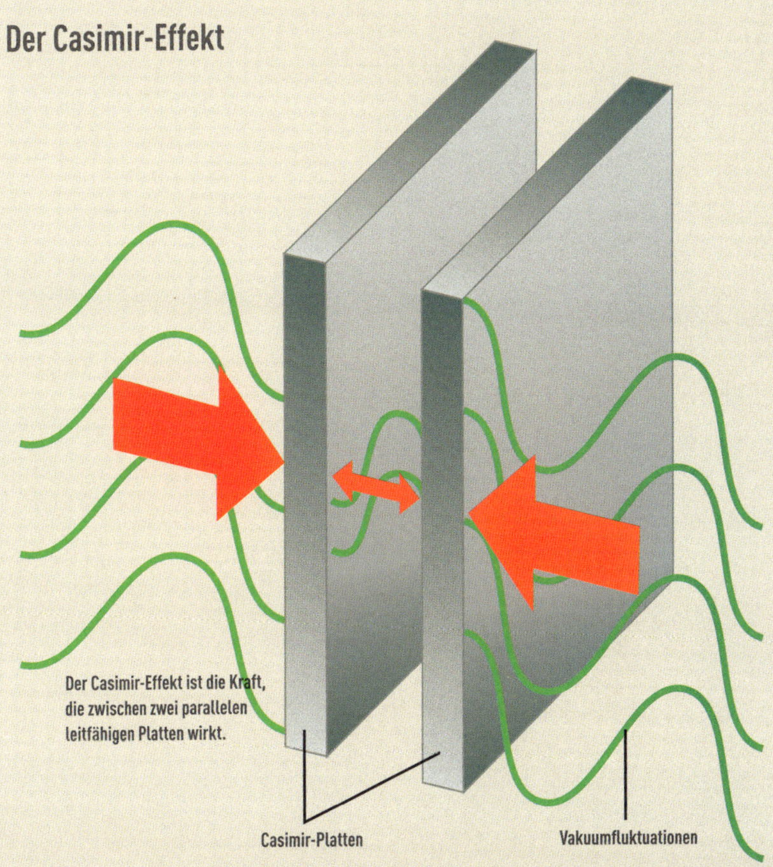
Der Casimir-Effekt ist die Kraft, die zwischen zwei parallelen leitfähigen Platten wirkt.
Casimir-Platten
Vakuumfluktuationen

Es ist möglich, zu zeigen, dass $1 + 2 + 3 + 4 + 5 + \ldots = -\frac{1}{12}$ ergibt. Solch divergente unendliche Summen führen in die Physik. Die Tatsache, dass sich die unendliche Summe aus einer endlichen Menge ergibt, prognostiziert das Phänomen des Casimir-Effekts. Experimente bestätigen den mathematischen Trick.

4.8 Das Paradoxon des Zenon

Der alte Philosoph Zenon stellte ein Paradoxon in den Raum, das uns heute noch erstaunt: Wie gelingt es einer langsamen Schildkröte den griechischen Krieger Achilles zu besiegen?

Nehmen wir an, das Rennen wird so ausgetragen, wie auf der gegenüberliegenden Seite abgebildet. Nach einer Minute erreicht Achilles den Startpunkt die Schildkröte T_0 = 100 m. Zu diesem Zeitpunkt ist diese 1 m gelaufen und an den Punkt T_1 = 101 m gelangt. Achilles erreicht T_1 nach weiteren 0,01 Minuten, die Schildkröte läuft während dieser Zeit 0,01 m bis zum Punkt T_2 = 101,01 m und so weiter.

Jedes Mal, wenn Achilles den Punkt erreicht, an dem die Schildkröte zuletzt war, ist diese bereits wieder vorgerückt, und es scheint, er könne sie niemals einholen. Wir wissen aber, dass er das Rennen in 1000/100 = 10 Minuten beenden kann, während die Schildkröte die Ziellinie erst später, nach (1000–100)/1 = 900 Minuten, überquert.

Laut Zenon kann man die Distanz von Achilles schreiben als:

$$100 + 1 + 0.01 + 0.001 + 0.0001 + \ldots$$

Das ist eine **geometrische Reihe** (siehe Unterkapitel 4.5). Da der Quotient dieser Reihe $r = 0{,}01$ kleiner als 1 ist, weiß man, dass die unendliche Summe konvergiert, nämlich gegen 101,010101 . . ., einem Punkt 1,010101. . . Minuten nach dem Start, an dem Achilles die Schildkröte überholt. Zenon unterteilt Zeit und Distanz in immer kleiner Abschnitte und erzeugt den Eindruck, dass dieser Punkt nie erreicht wird.

Tatsächlich lässt Zenon die Zeit langsamer werden, sodass es Achilles nie gelingt, die Schildkröte zu überholen.

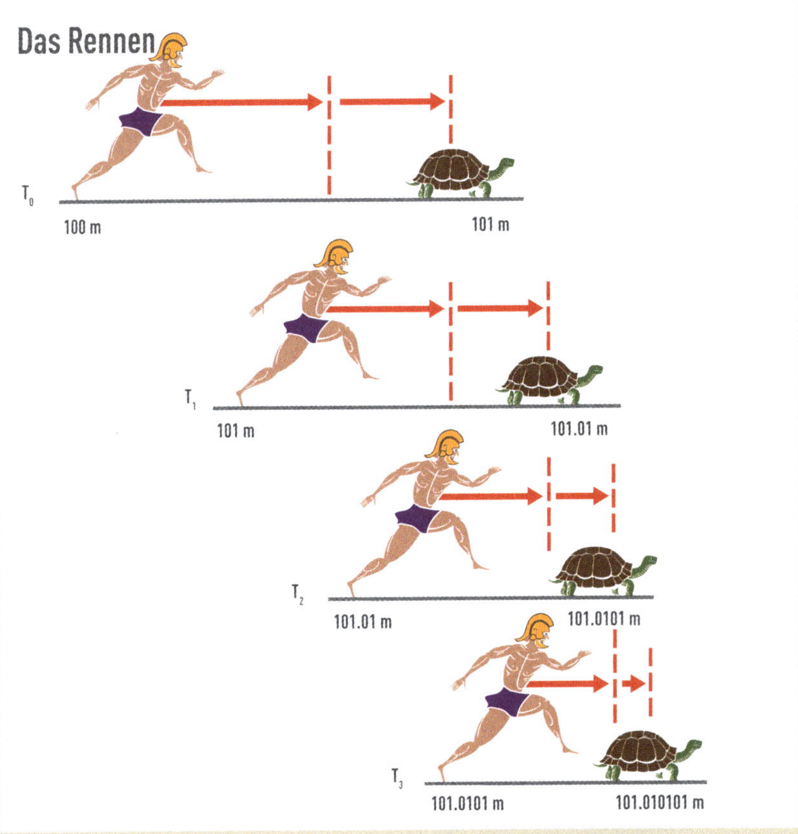

Achilles tritt gegen die Schildkröte über 1.000 m an. Er läuft 100 m pro Minute, die Schildkröte mit gemütlichen 1 m pro Minute. Die Schildkröte ist so langsam, dass sie einen Vorsprung von 100 m erhält. Wer gewinnt?

4.9 Kettenbrüche

Man kann jede Zahl als Kettenbruch schreiben – eine verschachtelte Reihe von Brüchen. Kettenbrüche sind endlich für rationale, unendlich für irrationale Zahlen.

Eine irrationale Zahl kann man nicht als einfachen Bruch schreiben, doch man sich ihr damit annähern: π (*pi*) ist zum Beispiel annähernd $^{22}/_{7}$. Ein Bruch $^{p}/_{q}$ ist eine *gute* Annäherung an eine irrationale Zahl *x*, wenn kein Bruch mit einem kleineren Nenner als *q* existiert, der näher zu *x* ist. Ein **Kettenbruch** einer Zahl ergibt die beste Näherung. Man berechnet sie, indem man einen unendlichen Kettenbruch rundet.
Die ersten fünf guten Annäherungen an:

$$\pi = 3 + \cfrac{1}{7 + \cfrac{1}{15 + \cfrac{1}{1 + \cfrac{1}{292 + \cfrac{1}{}}}}}$$

entstehen zum Beispiel bei Rundung des Kettenbruches an den Stufen 1, 2, 3, 4 und 5 – bis zum Ergebnis:

3, $^{22}/_{7}$, $^{333}/_{106}$, $^{355}/_{113}$, $^{103993}/_{33102}$.

Man findet kein solches Muster in den Standard-Kettenbrüchen von π.

Diese Annäherung fokussiert schnell den wahren Wert von π, die Abweichung beträgt rund 0,141; 0,001; 0,0008; 0,0000003 und 0,0000000006. Gute Annäherungen an π ergeben sich, weil große Zahlen im Kettenbruch von π vorkommen. Wenn die Zahlen, die im Kettenbruch erscheinen, begrenzt werden (nie größer als eine gegebene Zahl werden), spricht man von **schlechter Annäherung**, und, in gewisser Weise, ist dies das Maß, wie irrational die Zahl ist.

$$\phi = 1 + \cfrac{1}{1 + \cfrac{1}{1 + \cfrac{1}{1 + \cfrac{1}{1 + \cfrac{1}{1 + \cfrac{1}{1 + \cfrac{1}{1 + \cfrac{1}{1 + \cdots}}}}}}}}$$

Der Kettenbruch von ϕ. Dieses Muster macht ϕ zur irrationalsten der irrationalen Zahlen.

Der Ausdruck von ϕ im Dezimalsystem:

$$\phi = 1{,}61803\ldots$$

Rationale Annäherung an ϕ:

$$\frac{1}{1}, \frac{2}{1}, \frac{3}{2}, \frac{5}{3}, \frac{8}{5}, \frac{13}{8}, \frac{21}{13}, \ldots$$

Der Kettenbruch für ϕ erzeugt ein schönes Muster, das im Dezimalsystem nicht aufscheint. Es besteht im Kettenbruch nur aus 1, was aus ihr die irrationalste der irrationalen Zahlen macht.

4.10 Väter der Infinitesimalrechnung

Der Erfindung der Infinitesimalrechnung folgte einem der heftigsten Dispute zwischen den beiden Protagonisten.

Die Erfindung der **Infinitesimalrechnung** geht großteils auf zwei Männer zurück: den Engländer Isaac Newton (1643–1727) und den Deutschen Gottfried Wilhelm Leibniz (1646–1716) – zwei mathematische Genies.

Newton veröffentlichte seine Version der Infinitesimalrechnung 1687 in dem monumentalen Werk *Philosophiæ Naturalis Principia Mathematica*. Drei Jahre davor, 1684, hatte Leibniz seine erste Arbeit über dieses Thema publiziert. Newton behauptete jedoch, den zentralen Gedanken der Infinitesimalrechnung bereits 1666, im zarten Alter von 23 Jahren, ausgearbeitet zu haben. Das Problem war nicht, wer als Erster das Problem bearbeitet hatte – ohne Zweifel war es Newton – sondern, ob Leibniz seine Gedanken unabhängig von ihm entwickelt hatte.

Es gibt einige Anzeichen, die vermuten lassen, Leibniz habe Newtons Werk gekannt und später versucht, die Tatsache zu verschleiern. Newton war jedoch auch nicht gänzlich unschuldig. Die Royal Society untersuchte den Streit und veröffentlichte 1713 einen Bericht zu Newtons Gunsten – einen Bericht, den Newton selbst verfasste!

Heute sind sich Historiker einig, dass Leibniz die Infinitesimalrechnung unabhängig von Newton entdeckte. In gewissem Sinn gewann Leibniz sogar den Streit, ist doch die von ihm erfundene Weise, die Infinitesimalrechnung zu schreiben, so zugänglich, dass man sie heute noch verwendet.

Newton leistete außer zur Mathematik Beiträge zu einer langen Reihe an Fachgebieten, darunter Optik und Astronomie.

$$\dot{x} \quad \ddot{x} \quad \dddot{x} \quad \dot{x}^n \quad \dot{x}^2 \quad \dot{x}^3$$

$$dx \quad d^2x \quad d^3x \quad d^nx \quad dx^2 \quad dx^3$$

$$\frac{\dot{u}}{\dot{x}} \quad \frac{\ddot{u}}{\dot{x}^2} \quad \frac{\ddot{u}}{\dot{x}^3}$$

$$\frac{du}{dx} \quad \frac{d^2u}{dx^2} \quad \frac{d^3u}{dx^3}$$

$$\frac{\ddot{u}}{\dot{x}\dot{y}} \quad \frac{\dddot{u}}{\dot{x}^2\dot{y}} \quad \left(\frac{\dot{y}}{\dot{z}}\right)^{\therefore}$$

$$\frac{d^2u}{dx.dy} \quad \frac{d^3u}{dx^2.dy} \quad d^3\left(\frac{dy}{dz}\right)$$

Newton (links) mit seiner Version der Infinitesimalrechnung und Leibniz (rechts) mit seiner.

ZUFALL

Zufall ist ein kniffliges Ding. Von Natur aus unvorhersehbar, scheint es auf den erste Blick unmöglich zu sein, ihn in vernünftiger Weise zu behandeln. Aber es stellt sich heraus, dass man sogar den Zufall mit ein wenig Mathematik im Zaum halten kann.

In diesem Kapitel erfahren wir, wie man die Wahrscheinlichkeit eines Ereignisses definiert, warum die Chance, in der Lotterie zu gewinnen, so unglaublich gering ist, und treffen auf die mathematischen Grundgesetze zur Berechnung der Wahrscheinlichkeit. Wir untersuchen das Konzept der Zufälligkeit und erfahren, wie eine einzige Zahl Ihren Namen, die Adresse und die gesamte DNA verschlüsseln kann. Wir entdecken, wie eine unendliche Anzahl von Affen, die auf unendlich vielen Schreibmaschinen herumtippen, das komplette Werk Shakespeares produzieren könnten.

Fortsetzung umseitig

Wir erfahren, wie wichtig die Wahrscheinlichkeitstheorie in Zusammenhängen ist, die uns alle betreffen, und wie man die Wirksamkeit von Drogen mit randomisierten kontrollierten Studien überprüfen kann; wie es möglich ist, die Stimmung eines ganzen Volkes abzuschätzen, auch, wenn nur eine relativ geringe Anzahl von Leuten bei einer Meinungsumfrage befragt werden. Wir finden heraus, wie Wissenschaftler die unvermeidlichen Unsicherheiten ihrer Ergebnisse mit Hilfe von Signifikanzniveaus und Konfidenzintervallen messen.

Wir sehen, wie man mit Statistiken Unheil anrichtet, wenn man unterschiedlich über Risiken berichtet, um unerwünschte gegenüber dienlichen Ergebnissen kleiner erscheinen zu lassen. Schließlich besuchen wir noch einen Tatort – DNA-Tests – und erfahren, warum eine übereinstimmende DNA-Probe nicht unbedingt Schuld ohne begründeten Zweifel bedeutet.

Inhalt

5.1 Symmetrie und Frequenz

Die Wahrscheinlichkeit, beim Münzwurf auf Kopf zu treffen, ist 50 Prozent. Aber warum wissen wir das?

Eine Art, die Wahrscheinlichkeit zu definieren, bei einer Münze auf Kopf zu treffen, ist, die Symmetrie der Münze zu betrachten. Wenn sie völlig symmetrisch ist, dann ist die Wahrscheinlichkeit des Fallens einer Seite gleich groß. Außerdem gibt es keine anderes mögliches Ergebnis als Kopf oder Zahl.

Aus einem Ganzen von eins ist die Wahrscheinlichkeit von Kopf zu Zahl also 50 Prozent. Mit derselben Beweisführung ist die Wahrscheinlichkeit, eine der sechs Zahlen eines perfekt austarierten Würfels zu würfeln, eins zu sechs.

Aber nicht alle Vorgänge der Welt sind symmetrisch. Das führt zu einer anderen Weise, Wahrscheinlichkeiten zu bewerten. Man wiederhole den Vorgang (zum Beispiel den Münzwurf) viele Male und berechne das Verhältnis (genannt auch **relative Häufigkeit**), wie oft ein gewisses Ergebnis (sagen wir Kopf) eintritt. Der Gedanke hinter dieser **frequentististischen** Sicht der Wahrscheinlichkeit ist, dass das Verhältnis sich der „wahren" Wahrscheinlichkeit des Ergebnisses annähert. Dieser Gedanke wird in der Wissenschaft oft angewandt. Wenn ein Arzt sagt, man habe eine Chance von 5 %, eine Krankheit zu bekommen, dann beruht das auf der Tatsache, dass aus einer Gruppe von bestimmten Personen 5 % daran erkrankten.

Die Wahrscheinlichkeit, eine der 13.983.816 möglichen Ergebnisse einer Lotterieziehung zu erraten, ist 1/13.983.816 – ungefähr 1 zu 14 Millionen.

Bei einem perfekt austarierten Würfel kann eine der sechs Seiten genauso gut wie jede andere fallen. Die Wahrscheinlichkeit für jede der sechs Zahlen ist daher $\frac{1}{6}$ (1 dividiert durch die sechs gleich wahrscheinlichen Resultate).

5.2 Zufälligkeit und Normalität

Auch wenn wir eine intuitive Vorstellung von Zufälligkeit haben, ist es überraschend schwer, sie mathematisch zu beschreiben.

Man sagt, etwas sei zufällig, wenn es unvorhersagbar ist – wie das Ergebnis eines Münzwurfes. Wenn man jedoch eine Münze zehn Mal hintereinander wirft, ist es genauso wahrscheinlich, zehn Mal Kopf zu werfen, wie jede andere Kombination eines Ergebnisses von zehn Würfen.

Der Gedanke führte 1909 zum ersten Versuch, Zufälligkeit mathematisch zu definieren. Émile Borel (1871–1956) beschrieb eine Zahl mit unendlichen Dezimalstellen als **normal**, wenn alle Stellen mit derselben Häufigkeit – 1 zu 10 – in einem Ziffernblock, Paare von Dezimalstellen mit der Häufigkeit von 1 zu 100 etc. vorkommen. Bestimmte man Dezimalstellen mit einem 10-seitigen Würfel, so wäre die sich ergebende Zahl normal. Normalität benützt man als Test für Zufälligkeit – ist eine Zahl nicht normal, wird auch ihre Folge der Dezimalstellen als nicht zufällig betrachtet.

Borel bewies, dass die meisten Zahlen normal sind, konnte aber kein echtes Beispiel dafür geben. Der Student D. G. Champernowne fand schließlich 1933 das erste Beispiel:

0,1234567891011121314151617181920212223 . . .

Die Zahl weist als Dezimalstellen alle ganzen Zahlen auf und keine der Kombinationen kommt häufiger vor als andere – Normalität bedeutet auch, dass jede Kombination vorkommen sollte. Also sind jede normale Zahl, Alter, Telefonnummer und DNA in numerischer Form verschlüsselt.

Damit eine Zahl zufällig ist, muss sie normal sein, aber nicht alle normalen Zahlen sind zufällig.

Infinite-Monkey-Theorem

Wir verdanken Borel die Idee, die zum Infinite-Monkey-Theorem führte – dass eine unendliche Anzahl an Affen, die wahllos auf Schreibmaschinen herumtippen, irgendwann das komplette Werk Shakespears produzieren würden.

5.3 Wahrscheinlichkeitsregeln

Wahrscheinlichkeit ist ein etwas glattes Parkett, aber in der Mathematik existieren strikte Regeln, um sie zu berechnen.

In de Mathematik ist die Wahrscheinlichkeit, dass ein Ereignis eintritt, immer eine Zahl zwischen 0 (es wird nicht eintreten) und 1 (es wird ganz sicher eintreten).

Es werden Grundregeln angewandt. Wenn zwei unabhängige Ereignisse A und B Wahrscheinlichkeiten von jeweils P(A) und P(B) aufweisen, dann ist die Wahrscheinlichkeit, dass entweder A oder B eintritt:

P(A oder B) = P(A) + P(B).

Die Wahrscheinlichkeit, dass beide, A und B, eintreten, ist:

P(A und B) = P(A) × P(B).

Wenn also A bedeutet, 2 mit einem „fairen" Würfel zu werfen, und B 3, dann ist die Wahrscheinlichkeit für entweder 2 oder 3: P(2 oder 3) = P(2) + P(3) = 1/6 + 1/6 = 1/3.

Die Wahrscheinlichkeit, 2 und 3 mit zwei Würfeln zu werfen, ist:
P(2 und 3) = 1/6 x 1/6 = 1/36.

Beide Regeln machen Sinn: 2 und 3 zusammen ergeben ein Drittel der möglichen Ergebnisse bei einem Wurf (1 zu 6), sodass die Wahrscheinlichkeit, eines davon zu würfeln tatsächlich 1/3 sein sollte (siehe Unterkapitel 5.1). Mit zwei Würfeln gibt es 6 × 6 = 36 mögliche Ergebnisse. 2 und 3 zu würfeln, also P(2 und 3), sollte also 1/36 sein.

Die Wahrscheinlichkeiten von zwei ausschließlich möglichen Ergebnissen eines Prozesses ergeben immer 1.

Wahrscheinlichkeiten zweier gleichzeitig geworfener Würfel

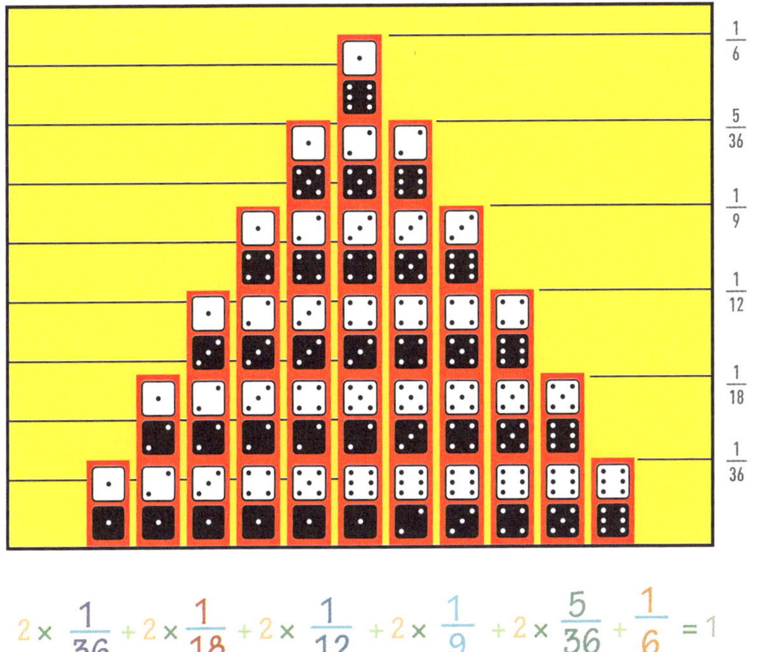

Die Würfelpyramide zeigt die Wahrscheinlichkeit beim Werfen zweier Würfel auf. Die Chance, zwei Mal 1 oder zwei Mal 6 zu würfeln, ist 1 zu 36, die Chancen für 5 und 6 stehen 1 zu 18 und so weiter. Die Summe der Wahrscheinlichkeiten der verschiedenen Ergebnisse (siehe oben) ist gleich 1.

5.4 Satz von Bayes

Es wäre töricht, Beweise zu ignorieren. Dankenswerterweise erlaubt uns der Satz von Bayes, unsere Überzeugungen auf den neuesten Stand zu bringen, sobald neue Beweise verfügbar sind.

Eine besondere Art von Krankheit betrifft 1 % der Bevölkerung. Es gibt einen Test, aber er ist nicht perfekt: Er ergibt ein positives Ergebnis für 90 % der erkrankten, aber auch für 5 % der gesunden Menschen. Wie hoch ist die Wahrscheinlichkeit, diese Krankheit mit einem positiven Testergebnis zu haben? Viele würden sagen, 90 %, aber eigentlich stehen die Chancen eher bei 15 %.

Eine **bedingte Wahrscheinlichkeit** ist die, dass ein Ereignis A eintritt, wenn ein anderes Ereignis B bereits eingetreten ist: geschrieben P(A | B). Der **Satz von Bayes**:

P(A | B) = P(A) x P(B | A)/P(B)

erlaubt, mit bedingten Wahrscheinlichkeiten zu rechnen, indem man die ursprüngliche Annahme über die Wahrscheinlichkeit von A in Bezug auf den gegebenen Beweis von B (positiver Test) aktualisiert: P(Krankheit | positiv).

Die Annahme, erkrankt zu sein, war vor dem Test P(Krankheit) = 0,01. Nun kann man P(positiv) berechnen als 0,0585 (aus der Verbindung des Verhältnisses von kranken Menschen mit einem positiven Test und dem Verhältnis von gesunden Menschen, die fälschlicherweise positiv getestet wurden). Man weiß auch, dass P(positiv | Krankheit) = 0,9. Aufgrund dieser Zahlen sagt der Satz von Bayes:

P(Krankheit | positiv) = P(Krankheit) x P(positiv | Krankheit)/ P(positiv) = 0,01 × 0,9/0,0585 = 0,154.

Der Satz ist nach Thomas Bayes (1701–61) benannt, einem presbyterianischen Geistlichen, der auch Statistiker war.

Beweis des Satzes von Bayes

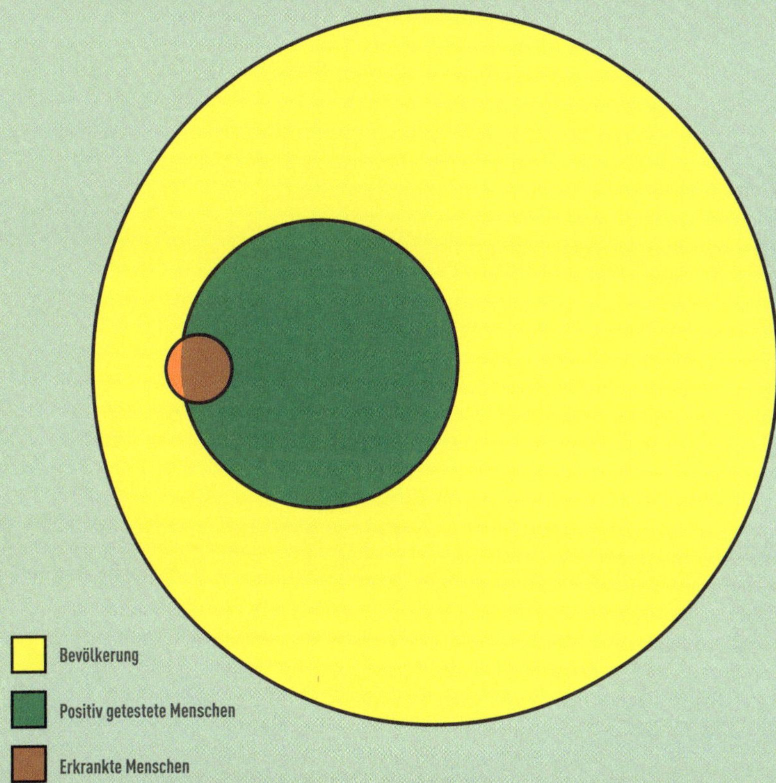

Die Überschneidungen des grünen und des orangen Kreises repräsentieren das Verhältnis der erkrankten Menschen und jenen, die positiv getestet wurden, aus einer Menge aller Menschen mit einem positivem Testergebnis.

5.5 Gesetz der großen Zahlen

Wir wissen alle intuitiv über das Gesetz der großen Zahlen Bescheid, missverstehen es aber oft.

Das Gesetz der großen Zahlen besagt, dass bei oftmaliger Wiederholung eines Prozesses die Ergebnisse die innewohnenden Wahrscheinlichkeiten reflektieren. Wirft man also eine perfekt austarierte Münze sehr oft, beträgt das Verhältnis Kopf zu Zahl etwa 50 %, was die Wahrscheinlichkeit von Kopf 50 % bei einem einzelnen Wurf widerspiegelt.

Dieser Gedanke wird oft missverstanden. Hat man die Münze gerade 99 Mal geworfen und jedes Mal ist Kopf gekommen, besagt das Gesetz der großen Zahlen, dass dann beim hundertsten Mal eine größere Chance besteht, auf Zahl zu treffen? Immerhin impliziert das Gesetz der großen Zahlen, dass das Verhältnis von Kopf zu Zahl doch bei annähernd der Hälfte liegen sollte.

Die Antwort ist nein. Die Chance, beim nächsten Mal auf Zahl zu treffen ist immer noch 50 %. Das Gesetz der großen Zahlen besagt, dass beim Anwachsen der Münzwürfe ins Unendliche sich das Verhältnis gegen 0,5 konvergiert (siehe Unterkapitel 4.2). Das heißt für die Wahrscheinlichkeit, dass sich das Verhältnis von Kopf und Zahl 0,5 annähert, aber erst, sagen wir, nach dem millionsten, zweimillionsten oder dreimillionsten Wurf. Es ist nicht verbindlich, sich beim hundertsten Wurf 0,5 anzunähern.

Verlassen Sie sich nicht auf das Gesetz der großen Zahlen, um den nächsten Ausgang beim Münzwurf zu erraten.

Bis zur Unendlichkeit ist es ein langer Weg, aber der Weg zum Geldverlust ist sehr kurz, wenn man nicht aufpasst!

Kopf oder Zahl?

Jedes Mal, wenn man eine Münze wirft, hat man genau dieselbe Chance, auf Kopf wie auf Zahl zu treffen.

5.6 Die Normalverteilung

Der zentrale Gedanke der Statistik ist, etwas über die Gesamtbevölkerung auszusagen, basierend auf einer kleinen Auswahl. Aber wie wissen wir, ob das tatsächlich funktioniert?

Nehmen wir an, man hat die Durchschnittsgröße einer zufälligen Gruppe von 30 Leuten errechnet und herausgefunden, dass diese 75 cm beträgt. Man wüsste sofort, dass etwas eigenartig ist: Die Auswahl enthielt eine große Menge an kleinen Leuten. Aber wie geht man damit um, wenn so ein ungewöhnliches Resultat in jeder Studie auftreten könnte, die nicht die gesamte Bevölkerung umfasst?

Die Antwort ist beinahe ein Wunder. Nehmen wir an, man macht eine zufällige Auswahl aus vielen Gruppen von 30 Leuten, berechnet den Durchschnitt für jede Gruppe und notiert, wie oft jeder Durchschnitt auf einer Häufigkeitsskala aufscheint. Dann wird diese Darstellung, was immer man auch abfragt, sei es Größe, Zustimmungsraten oder Einkommen, ungefähr so aussehen wie eine glockenförmige Kurve. Je mehr Leute in der Auswahl sind, desto näher wird die Darstellung einer Glockenkurve kommen. Die Spitze der Glocke, die dem am öftesten beobachteten Durchschnitt entspricht, ist der wahre Durchschnitt der Gesamtbevölkerung, den man sucht.

Da Statistiker wissen, dass Durchschnitte von vielen Proben so verteilt sind, können sie herausarbeiten, wie weit der Durchschnitt einer einzelnen Probe – zum Beispiel Meinungsumfrage oder Durchschnittsgröße – wahrscheinlich vom wahren, gesuchten Durchschnitt entfernt ist, wobei sie ihr Vertrauen in die Schätzung mit einbeziehen.

Glockenkurven sind Beispiele einer Normalverteilung – und die wunderbare Tatsache beruht auf dem zentralen Grenzwertsatz.

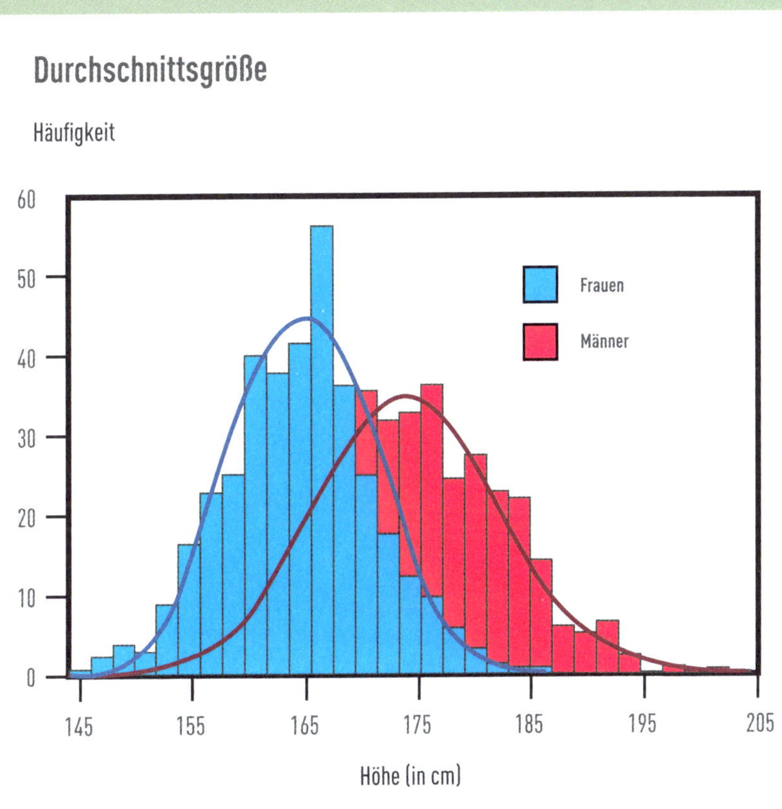

Die Dichte der Durchschnittsgröße nähert sich der Normalverteilung an. Viele in der realen Welt beobachtete Mengen sind Durchschnittsmengen von Prozessen, die wir nicht sehen; die Normalverteilung tritt also sehr oft auf.

5.7 Randomisierte kontrollierte Studien

Wie entscheidet man, ob eine medizinische Behandlung wirkt?

In der Geschichte entschieden Ärzte die Wirkung eines Medikaments durch Versuch und Irrtum, basierend auf persönlicher Erfahrung. Das war jedoch unzuverlässig, weil man unmöglich sagen konnte, ob ein Patient aufgrund dessen gesundete (oder nicht) oder durch andere, unbekannte Faktoren. Deshalb begannen Wissenschafter im 19. Jahrhundert, Medikamente mit zwei Gruppen zu testen, der **Studiengruppe** – diejenigen, die das neue Medikament bekamen – und der **Kontrollgruppe** – der entweder ein unwirksames Mittel (**Placebo**) oder ein bereits existierendes, vergleichbares Medikament verabreicht wurde.

Menschen haben jedoch die Tendenz, das zu sehen, was sie zu sehen erwarten. Deshalb wurde 1917 das **Blindverfahren** eingeführt, bei dem die Beteiligten nicht wussten, ob sich ein Patient in der Studien- oder der Kontrollgruppe befand. Somit konnte das Wissen, welcher Gruppe der Patient angehörte, die Resultate der Tests (absichtlich oder unabsichtlich) nicht mehr beeinflussen.

Randomisierte kontrollierte Studien sind heute weltweit in Verwendung, um neue medizinische Behandlungen zu evaluieren.

Doch es gab immer noch eine Möglichkeit, die Ergebnisse zu steuern, indem man vorzugsweise den Patienten, die weniger krank waren, das neue Medikament verabreichte, und damit wahrscheinlich ein besseres Ergebnis erzielte. Deshalb wurde in den 1940ern die Keuchhusten-Studie zum ersten Mal als **randomisierte kontrollierte Studie** durchgeführt, bei der man die Patienten *zufällig* entweder der Studien- oder der Kontrollgruppe zuordnete.

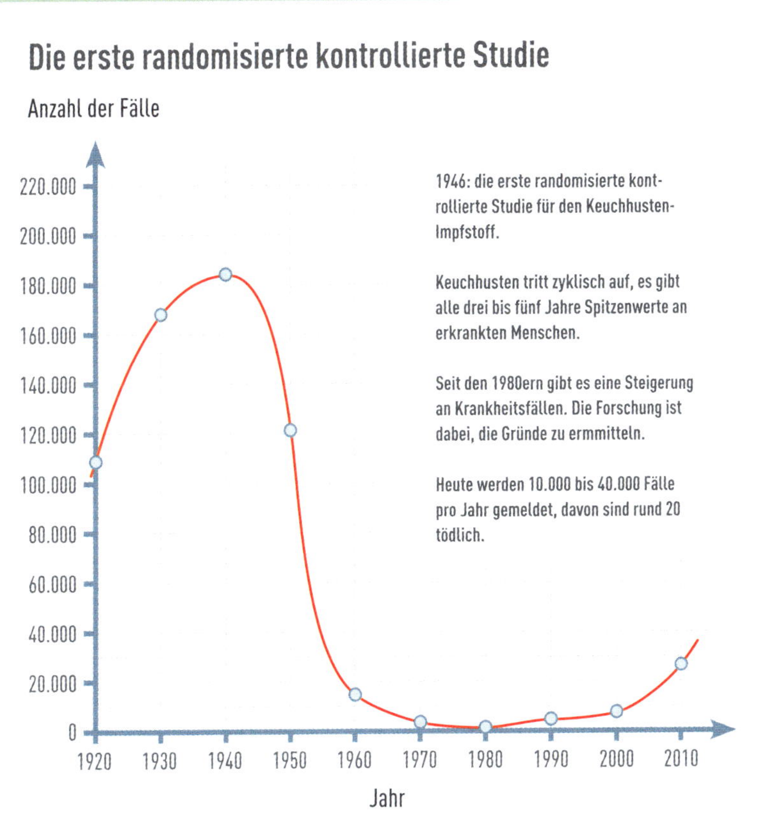
Die erste randomisierte kontrollierte Studie
Anzahl der Fälle
220.000
200.000
180.000
160.000
140.000
120.000
100.000
80.000
60.000
40.000
20.000
0
1920
1930
1940
1950
1960
1970
1980
1990
2000
2010
Jahr
1946: die erste randomisierte kontrollierte Studie für den Keuchhusten-Impfstoff.
Keuchhusten tritt zyklisch auf, es gibt alle drei bis fünf Jahre Spitzenwerte an erkrankten Menschen.
Seit den 1980ern gibt es eine Steigerung an Krankheitsfällen. Die Forschung ist dabei, die Gründe zu ermmitteln.
Heute werden 10.000 bis 40.000 Fälle pro Jahr gemeldet, davon sind rund 20 tödlich.

Diese Grafik repräsentiert Fälle von Keuchhusten seit 1920. Bevor der Impfstoff 1940 zur Verfügung stand, erkrankten in den Vereinigten Staaten rund 200.000 Kinder, rund 9.000 mit tödlichem Ausgang.

5.8 Signifikanzniveaus

Wenn Wissenschafter ein Ergebnis präsentieren, sprechen sie oft von *p*-Werten und Signifikanzniveaus. Was bedeuten diese Begriffe?

Nehmen wir an, in einer randomisierten kontrollierten Studie (siehe Unterkapitel 5.7) senkt ein neues Medikament den Blutdruck durchschnittlich um 20 mmHg (die Standardeinheit des Blutdrucks). Wie weiß man, ob die Senkung des Blutdrucks auf das Medikament zurückzuführen ist, oder auf alle möglichen anderen Gründe, die man nicht kennt?

Während man die Wahrscheinlichkeit der Wirkung des Medikamentes nicht errechnen kann, so *errechnet* man doch jene, zu sehen, ob der Unterschied ebenso groß ist wie der unter der Annahme beobachtete, das Medikament würde nicht wirken (eine Senkung von 20 mmHg). Das versteht man unter dem ***P*-Wert**. Wenn der *P*-Wert klein ist, dann ist dies ein guter Grund zur Annahme, dass das Medikament wirkt.

Aber was heißt klein? Gewöhnlich spricht man in medizinischen Studien bei einem *P*-Wert von weniger als 5 % von einem signifikanten Ergebnis. Die 5 %-Schwelle heißt **Signifikanzniveau** und wird üblicherweise mit α (dem griechischen Buchstaben Alpha) bezeichnet. Man sagt, eine Studie sei signifikant auf dem Niveau α, wenn eine Wahrscheinlichkeit von weniger als α bei der Beobachtung des Ergebnisses (Senkung um 20 mmHg) bei Unwirksamkeit des Medikamentes vorliegt, und das Ergebnis nur auf Zufall beruht.

Ein Konfidenzintervall von 95 % entspricht einem Signifiganzniveau von 5 %.

Das *Konfidenzintervall* ist ein verwandtes Konzept. Ein Intervall von 15 bis 25 ist ein 95 %-Konfidenzintervall, wenn man zu 95 % sicher ist, dass das echte Ergebnis (tatsächliche Senkung des Blutdrucks) zwischen 15 und 25 liegt.

Arzneimitteltests

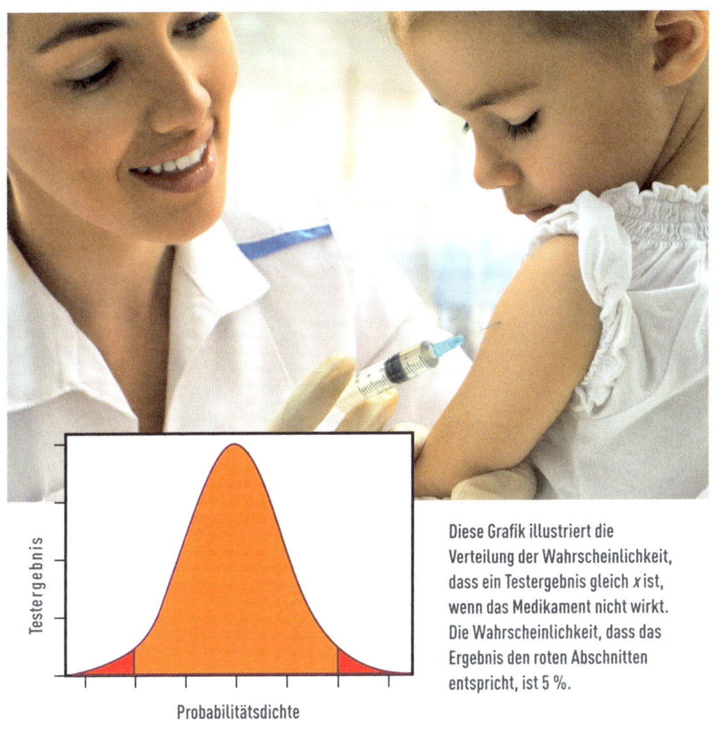

Diese Grafik illustriert die Verteilung der Wahrscheinlichkeit, dass ein Testergebnis gleich *x* ist, wenn das Medikament nicht wirkt. Die Wahrscheinlichkeit, dass das Ergebnis den roten Abschnitten entspricht, ist 5 %.

Wenn man Arzneimittel wie Impfstoffe testet, muss man die Möglichkeit ausschließen, dass das Ergebnis einer Studie auf Zufall beruht.

5.9 Relatives Risiko

Legen Sie das Sandwich mit Speck weg – Speck erhöht das Risiko für Darmkrebs um 20 %! Aber ist die Lieblingsspeise tatsächlich so schuldbeladen, wie es klingt?

Ein Bericht des World Cancer Research Fund besagt, dass unter anderem der Verzehr von 50 g verarbeitetem Fleisch pro Tag (gleichbedeutend einem Sandwich mit Speck) das Risiko, an Darmkrebs zu erkranken, um 20 % erhöht.

Das klingt zwar alarmierend, ist aber der Ausdruck des **relativen Risikos** – das heißt, um wie viel das relative Risiko in Bezug auf das **absolute Risiko** (von wie vielen Leuten der Gesamtbevölkerung kann man annehmen, dass sie von dieser Krankheit befallen werden) ansteigt.

Rund 5 % der Bevölkerung erkranken an Darmkrebs, und 20 % mehr als 5 ist 6. So bedeutet also das relative Risiko von 20 % des täglichen Sandwiches mit Speck übertragen, dass sich das absolute Risiko auf 6 % erhöht. Eine Steigerung von 1 % an absolutem Risiko sollte man ernst nehmen, aber es klingt viel weniger alarmierend als eine Steigerung von 20 % in Form des relativen Risikos.

Die täuschende Praxis der fehlangepassten Rahmenbedingungen fand sich in einem Drittel der Studien wichtiger medizinischer Zeitschriften.

Das relative Risiko klingt größer als das absolute. Es ist daher also möglich, die Ergebnisse eines Tests zu drehen, je nach dem, ob man selektiv über das relative oder das absolute Risiko berichtet. Will man zum Beispiel positive Ergebnisse für ein neues Medikament, dann wird man wahrscheinlich für die Wirkung über relative Risiken berichten, aber für die unerwünschten Nebeneffekte eher über absolute Risiken. Auf diese Weise scheint die Wirkung des Medikaments die Nebeneffekte aufzuheben. Das nennt man **fehlangepasste Rahmenbedingungen**.

Gesteigertes Risiko

Man sagt, dass der tägliche Verzehr von 50 g Speck das Risiko, an Darmkrebs zu erkranken, um 20 % erhöht. Das klingt alarmierend, aber wie besorgt sollte man wirklich sein?

5.10 Trugschluss des Staatsanwaltes

Die DNA einer Frau stimmt mit einer Probe, die man am Tatort fand, überein. Die Chancen einer Übereinstimmung sind eins zu zwei Millionen; die Frau muss also schuldig sein, nicht wahr?

Falsch. Aber es ist einer der meist gemachten Fehler und bekannt als der **Trugschluss des Staatsanwaltes**. Es verkennt die Wahrscheinlichkeit von eins zu zwei Millionen für die Unschuld der Frau. Um die Schuld der Frau korrekt zu bewerten, muss man in Betracht ziehen, dass sie mit der Probe unter bestimmten Voraussetzungen übereinstimmt und eruieren, inwieweit sie das eher schuldig macht, als sie es war, bevor der DNA-Beweis auftrat.

Hier ist eine Variante des Satz von Bayes (siehe Unterkapitel 5.4), der für Spielerfehlschlüsse aufgestellt wurde, nützlich. Die Wahrscheinlichkeit der oben stehenden Übereinstimmung impliziert, dass die Chance der Übereinstimmung der DNA der Frau zwei Millionen Mal höher ist, sollte sie schuldig sein, als wenn sie unschuldig wäre. Der Satz von Bayes besagt aber nun:

Chance von Schuld nach DNA-Beweis = 2.000.000 x Chance von Schuld vor DNA-Beweis.

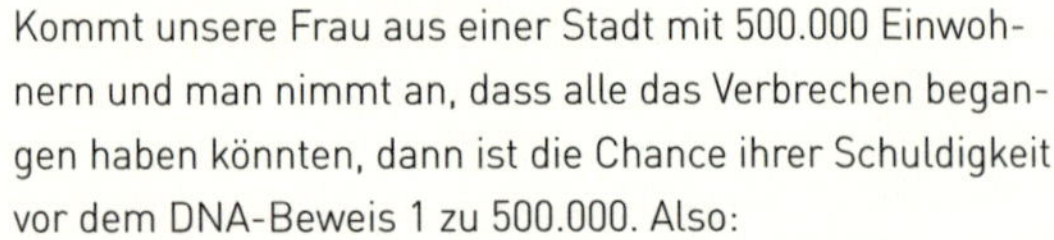

Kommt unsere Frau aus einer Stadt mit 500.000 Einwohnern und man nimmt an, dass alle das Verbrechen begangen haben könnten, dann ist die Chance ihrer Schuldigkeit vor dem DNA-Beweis 1 zu 500.000. Also:

Chance von Schuld nach DNA-Beweis = 2.000.000 × 1/500.000 = 4.

Umgesetzt in Wahrscheinlichkeit ergibt das 80 % möglicher Schuld. Definitiv nicht ohne begründete Zweifel!

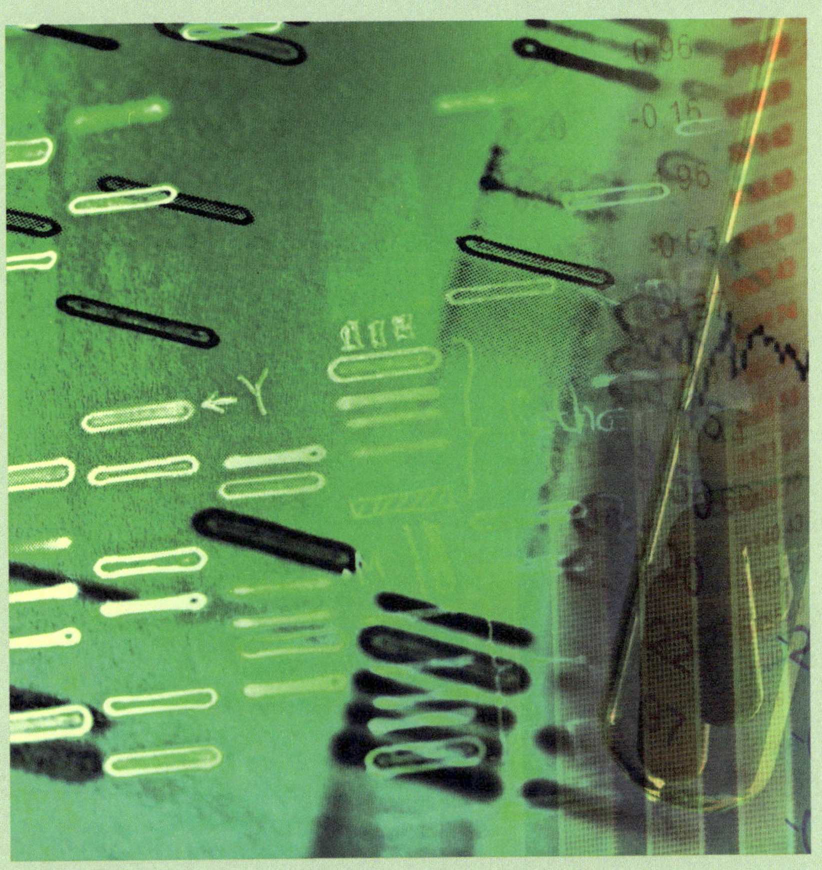

Genetischer Fingerabdruck. Die Wahrscheinlichkeit des Beweises, unter der Voraussetzung der Unschuld des Verdächtigen, ist nicht gleich der Wahrscheinlichkeit der Unschuld des Verdächtigen (unter der Voraussetzung des Beweises).

KURVEN

Albert Einstein veränderte 1915 unsere Sichtweise des Universums. Er entdeckte, dass die Erdanziehung die Krümmung der Raumzeit ist. Kurven gehören zu den schönsten – und mächtigsten – mathematischen Darstellungen. Ihre Formen können die Natur der Gleichungen, die sie definieren, aufzeigen und liefern das Rüstzeug zum Studium einiger der kompliziertesten mathematischen Problemstellungen.

Einstein war nicht der erste, der die Krümmung dazu benützte, Licht auf die Tätigkeiten des Universums zu werfen. Im 17. Jahrhundert lieferten Kurven, genannt Ellipsen, Johannes Kepler die Form der Umlaufbahnen der Planeten. Die Ellipse an sich wurde schon von den alten Griechen als einer der Kegelschnitte studiert. Kegelschnitte sind die Kurven, die man erhält, wenn man zwei auf die Spitze gestellte Kegel flach durchschneidet: Kreise, Ellipsen, Parabeln und Hyperbeln. Eine andere

Fortsetzung umseitig

beliebte Kurve aus dem 17. Jahrhundert war die Kettenlinie, die, wie Robert Hook entdeckte, einen perfekten, sich selbst stützenden Bogen ergab.

Kurven ermöglichen es uns, die Krümmung zu untersuchen, entweder diejenige komplexer Kurven oder komplexer Oberflächen. Der erste Schritt, um Krümmung zu verstehen, ist, dass jede Kurve von einer geraden Tangente berührt werden kann. Auch sogenannte Krümmungskreise können sich Kurven annähern. Beide Konzepte werden aber dann über Kurven hinausgeführt, um die Krümmung von Oberflächen zu berechnen.

Minimale Oberflächen – die zarten Formen eines Drahtgittermodells, das Seifenblasen spannen – zeichnen sich durch ihre Krümmung aus. Architekten berufen sich auf dieses Gebiet der Mathematik, sowohl wegen der Effizienz der Materie als auch der schönen Formen.

Inhalt

6.1 Die Kettenlinie

Was haben das Wembley-Stadium und die St. Paul's Cathedral in London gemeinsam?

Hängt man eine Kette an zwei Haken auf und lässt sie an ihrem eigenen Gewicht hängen, so beschreibt sie eine Kurve, die man **Kettenlinie** nennt. Jede hängende Kette wird diese ausgeglichene Form annehmen, in der die Spannkraft (ausgehend von den Haken, welche die Kette halten) und die Erdanziehung, die sie nach unten zieht, im perfekten Gleichgewicht sind.

Etwas Schönes entsteht, dreht man die Kettenlinie nach oben. Die umgedrehte Form beschreibt nun einen Bogen – tatsächlich in der stabilsten Form, die ein Bogen einnehmen kann. Bei einer hängenden Kette arbeitet die Spannkraft entlang der Kurvenlinie. In der umgedrehten Kettenlinie wird die Spannkraft zur Kompressionskraft, und da diese Kraft ebenfalls entlang der Linie des Bogens wirkt, knickt oder verbiegt sich die Form nicht. Deshalb sollte man einen Bogen immer in der Form einer umgedrehten Kettenlinie bauen. Auf diese Weise wird er unter seinem Gewicht frei stehen können. Und nicht nur das, sondern der Bau des Bogens wird auch nur ein Minimum an Material benötigen.

Die Form des Gateway Arch (Torbogen) in St. Louis, USA, des weltgrößten Bogens, basiert auf einer umgekehrten Kettenlinie.

Der britische Architekt Robert Hooke (1635–1703) war der Erste, der die Kettenlinie mathematisch untersuchte. 1675 veröffentlichte er ein Anagramm (auf Latein): „ut tensio sic uis – wie die Dehnung, so die Kraft" (wie eine Kette frei hängt, so steht ein Bogen fest).

Die Kuppel der St. Paul's Cathedral, London

St. Paul's hat drei Kuppeln: eine äußere und eine innere für den visuellen Effekt und eine versteckte mittlere Kuppel für die Druckspannung. Sir Christopher Wren gründete die Form der mittleren Kuppel auf einer invertierten Kettenlinie.

6.2 Die Ellipse

Ein Kreis ist ein Spezialfall einer anderen Kurve – der Ellipse.

Man kann einen Kreis mit einem Bleistift und einer Schleife ziehen: der Bleistift an der einen Seite der Schleife, das andere Ende wird als Mittelpunkt festgehalten. Spannt man die Schleife und führt den Bleistift rund um den Mittelpunkt, erhält man einen Kreis.

Man kann dieselbe Schleife verwenden, um eine **Ellipse** zu zeichnen. Diesmal wird die Schleife zwischen drei Punkten gespannt – dem Bleistift und zwei anderen, den **Brennpunkten** der Ellipse. Diesmal hat die gespannte Schlaufe die Form eines Dreiecks, wobei eine Seite immer dieselbe Länge behält (der Abstand zwischen den fixen Brennpunkten). Die beiden verbleibenden Seiten (die Abstände von einem Punkt der Ellipse zu jedem der beiden Brennpunkte) ergeben zusammen immer dieselbe Länge. Man kann das mit Bleistift und Schlaufe ausprobieren, indem man Daumen und Zeigefinger als fixe Brennpunkte einsetzt.

Durchschneidet man Verkehrskegel entlang einer leicht geneigten Fläche, hat der Querschnitt die Form einer Ellipse (siehe Seite 139).

Ein Kreis ist nur ein Spezialfall einer Ellipse, wo die beiden Brennpunkte in einem Punkt zusammenfallen. Andererseits, wenn sich die Brennpunkte voneinander entfernen, wird die Ellipse länger. Diese Abweichung von der Kreisform wird durch die **Exzentrizität** der Ellipse gemessen: der Quotient der Distanz zwischen den Brennpunkten dividiert durch die Länge der Halbachsen.

Keplersche Gesetze

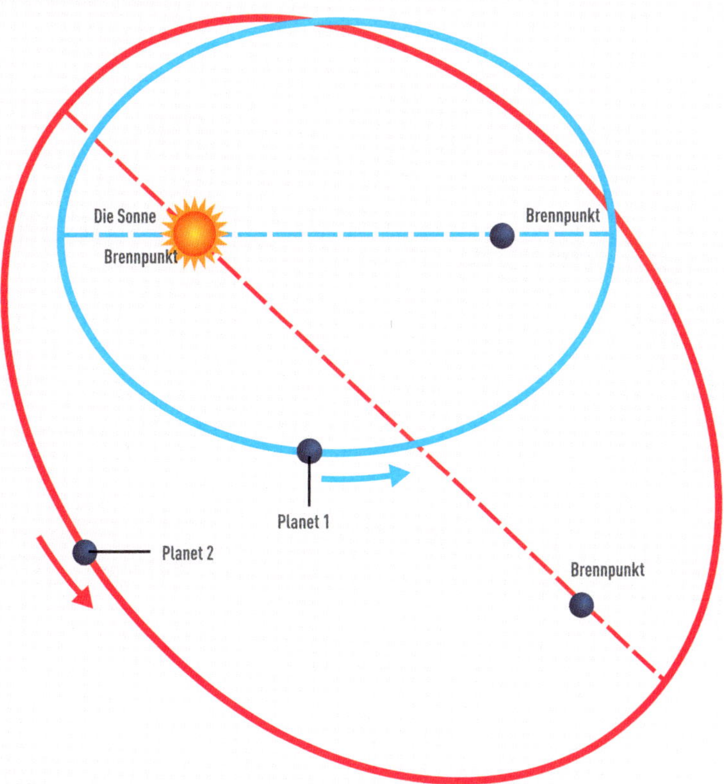

Im 17. Jahrhundert entdeckte Kepler die drei Gesetze der Umlaufbahnen der Planeten. Erstes Gesetz: Jeder Planet bewegt sich in einer elliptischen Bahn, in deren gemeinsamem Brennpunkt die Sonne steht. Die gepunkteten Linien zeigen den Verlauf der Achsen jeder Ellipse durch beide Brennpunkte.

6.3 Die Hyperbel

Die Hyperbel gehört zu einer wichtigen Familie von Kurven, die seit Jahrtausenden erforscht wird.

Richtet man eine Taschenlampe senkrecht auf den Boden, so erscheint dort, wo der Lichtkegel auftrifft, ein kreisförmiger Lichtschein. Neigt man die Taschenlampe, wird sich der Kreis zu einer Ellipse verformen. Neigt man sie noch weiter, wird sich die Ellipse so lange ausdehnen, bis die Oberkante des Lichtkegels parallel zum Boden ist. Nun hat der Lichtschein die Form einer **Parabel** (siehe Unterkapitel 3.3). Neigt man die Taschenlampe weiter, ergibt sich eine weitere Form, die man **Hyperbel** nennt.

Diese Formen – Kreise, Ellipsen, Parabeln und Hyperbeln – wurden bereits 300 v.Chr. mathematisch untersucht und werden **Kegelschnitte** genannt: Schnitte durch zwei an ihrer Spitze aufeinandergesetzte Kegel (siehe gegenüberliegende Seite). Ein horizontaler Schnitt ergibt einen Kreis, ein geneigter eine Ellipse, ein Schnitt parallel zur Seite des Kegels ergibt eine Parabel und mit einem Schnitt durch die beiden Kegel erhält man eine Hyperbel.

Wahrscheinlich kennen Sie bereits eine Hyperbel – der Graph der Gleichung $y = 1/x$.

Die Hyperbel hat zwei Arme, die exakt symmetrisch sind. Diese Arme liegen innerhalb zweier sich kreuzender Geraden, die man **Asymptoten** nennt. Je weiter sich die Hyperbeln vom Mittelpunkt entfernen, desto mehr nähern sie sich den Asymptoten an, berühren sie jedoch nie.

Die Kegelschnitte

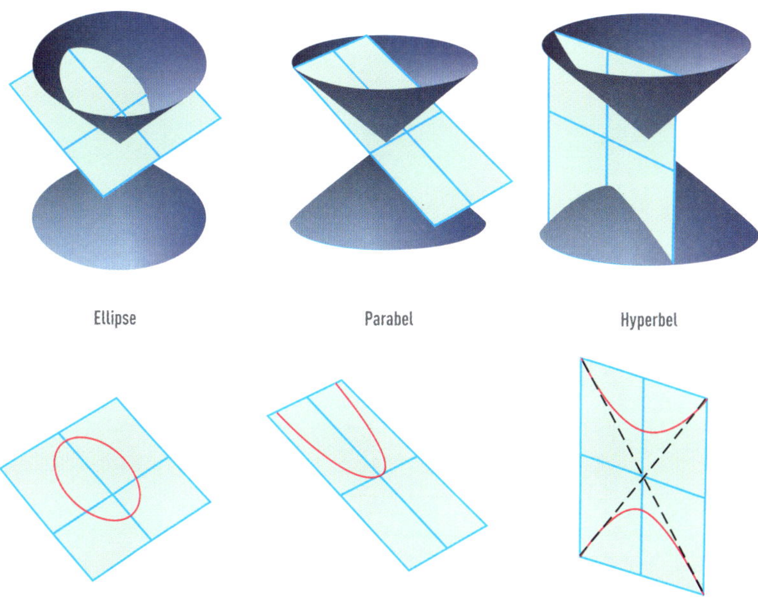

Die oben stehenden Bilder zeigen die drei Kegelschnitte: die Ellipse (die auch den Kreis als Sonderform beinhaltet), die Parabel und die Hyperbel. Die Hyperbel befindet sich innerhalb der zwei Asymptoten, dargestellt als gepunktete schwarze Linien.

6.4 Tangenten

Wenn Sie eine auf einem Blatt Papier gezeichnete Kurve ganz aus der Nähe betrachten, wird sie an jedem Punkt wie eine Gerade aussehen.

Eine Gerade, die eine Kurve in nur einem Punkt berührt, nennt man **Tangente** der Kurve in diesem Punkt. Eine gleichmäßige Kurve hat in jedem Punkt eine Tangente. Etwas mit einer scharfen Ecke, wie etwa die Betragsfunktion, hat in allen Punkten Tangenten, außer an ihrem Eckpunkt. Damit Tangenten existieren können, muss sich die Richtung der Kurve von einer Seite zur anderen gleichmäßig langsam verändern. Bei einer Betragsfunktion ändert die Tangente abrupt ihre Richtung. Beides wird auf der gegenüberliegenden Seite demonstriert.

Zu einer Oberfläche gibt es sowohl eine Tangente als auch eine Tangentialfläche. Es herrschen dieselben Regeln: Für eine gleichmäßig sich verändernde Oberfläche sind Tangenten und Tangentialflächen für jeden Punkt definiert – keine Knicke oder Falten erlaubt.

Die Krümmung einer Kurve oder einer Oberfläche wird gemessen in ihrer Abweichung von einer Geraden oder Ebene. Bei einer Kurve bedeutet das, wie genau sie in jedem Punkt von der Tangente, bei einer Oberfläche von einer Tangentialfläche, angenähert wird. Wenn eine Kurve in einem Punkt ihrer Tangente sehr ähnlich ist – sagen wir, bei großen positiven oder negativen Werten für eine Parabel, ist die Krümmung nahe Null (der Krümmung einer Geraden). Ist die Kurve sehr unterschiedlich zu ihrer Tangente, sagen wir, im Scheitelpunkt einer Parabel, wird die Krümmung einen höheren positiven oder negativen Wert haben.

Eine lotrechte Gerade zu einer Tangente (für eine Kurve) oder Tangentialebene (für eine Oberfläche) nennt man Normalenvektor.

Tangenten und Krümmung

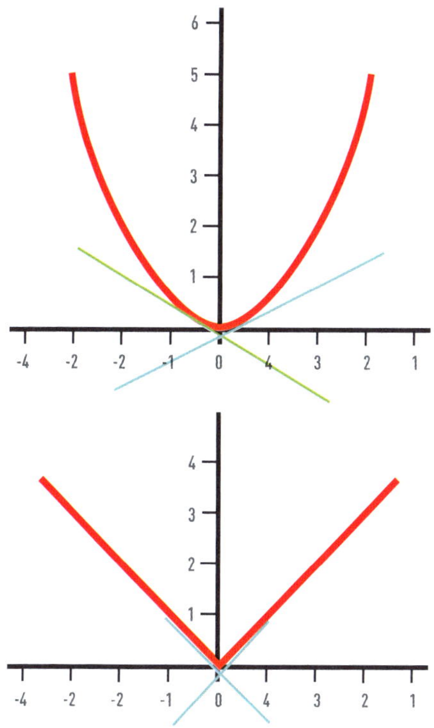

Krümmung ist die Richtungsänderung der Tangente beim Durchlaufen einer Kurve. Bei einer Betragsfunktion (unteres Bild) bleibt die Tangente vor und nach dem Eckpunkt unverändert, macht jedoch am Eckpunkt eine plötzliche Richtungsänderung – was nicht erlaubt ist.

6.5 Krümmungskreise

Die Krümmung definiert die Abweichung einer Kurve von einer Geraden. Aber wie wird das gemessen?

Tangenten sind Gerade, die sich einer Kurve an einem bestimmten Punkt annähern. Ein Kreis ist ein anderer Weg, sich einer Kurve an einem bestimmten Punkt zu nähern. Der **Krümmungskreis** ist der Kreis, der sich der Kurve in diesem Punkt am besten annähert. Die Stärke der Krümmung an diesem Punkt ist der Wert von $1/R$, wobei R der Radius des Krümmungskreises ist.

Ist die Kurve relativ flach – bei einem sehr großen negativen oder positiven Wert von x für die Kurve x^2, dann wird der Krümmungskreis einen großen Radius haben und die Krümmung $1/R$ nahe Null sein. Ist die Kurve ausgeprägter – etwa am Scheitelpunkt einer Parabel für x^2, dann wird der Radius des Krümmungskreises viel kleiner und die Krümmung weiter enfernt von Null sein.

Die Krümmung kann negativ oder positiv definiert werden, je nachdem, auf welcher Seite der Kurve der Krümmungskreis liegt. Man kann die Gesamtkrümmung einer Kurve beurteilen, indem man die Veränderungsrate der Krümmung bei gleichmäßiger Geschwindigkeit entlang der Kurve betrachtet. Ein Kreis zum Beispiel hat eine konstante Krümmung – das heißt, der Krümmungskreis bleibt an jedem Punkt gleich und verändert sich nicht, wenn er rund um den Kreis bewegt wird.

Krümmungskreise werden scherzhaft „küssende Kreise" genannt, da der Kreis die Kurve nur an einem Punkt berührt oder „küsst".

Krümmungskreis für ein Sinusoid

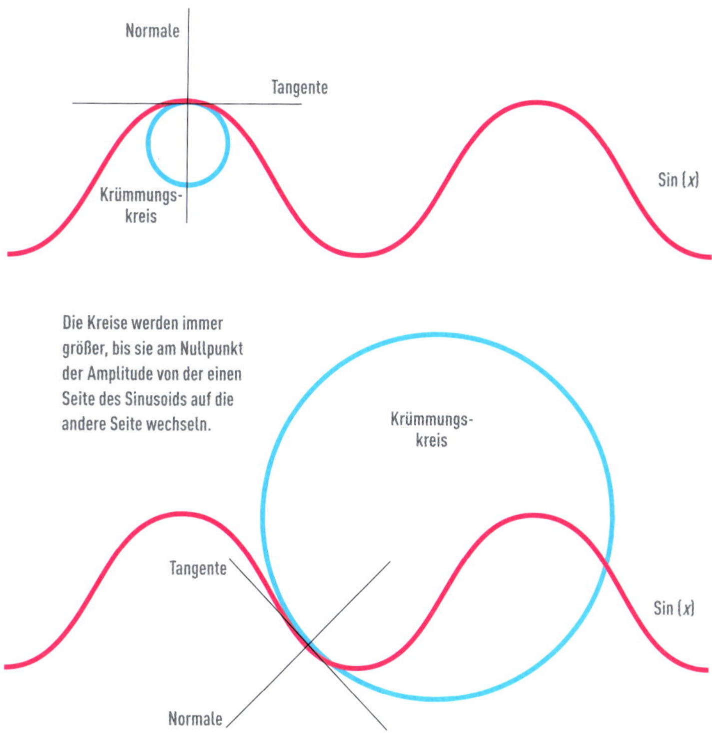
Normale
Tangente
Krümmungs-
kreis
Sin (x)
Die Kreise werden immer größer, bis sie am Nullpunkt der Amplitude von der einen Seite des Sinusoids auf die andere Seite wechseln.
Krümmungs-
kreis
Tangente
Sin (x)
Normale

Der Krümmungskreis eines Sinoids wird bei der Bewegung entlang der Kurve kleiner und größer. Die kleinsten Kreise haben die größte Krümmung – an den Scheitelpunkten der Kurve.

6.6 Krümmung einer Oberfläche

Wie misst man die Krümmung einer Oberfläche?

Krümmungskreise geben den numerischen Wert der Krümmung an einem bestimmten Punkt einer eindimensionalen Kurve auf einer Ebene an (siehe Unterkapitel 6.5). Man kann dieselbe Methode anwenden, um die Krümmung einer zweidimensionalen Oberfläche zu berechnen.

Die Krümmung einer Oberfläche ist die Abweichung der Tangentialebene an diesem Punkt. Die **Normale** steht lotrecht zu dieser Tagentialfläche. Man kann die Ebene in der Richtung des Normalenvektors als **Normalenebene** lotrecht zur Tangentialebene definieren. Die Oberfläche schneidet durch die Normalenebene und erzeugt dabei eine eindimensionale Kurve auf dieser Ebene, deren Krümmung man mit dem Krümmungskreis messen kann.

Es gibt unendlich viele Normalenebenen an jedem Punkt der Oberfläche, wobei jede einen unterschiedlichen Krümmungswert für die durch die Oberfläche aus den Normalebenen geschnittenen Kurven ergibt. Man beschränkt sich auf deren Maximal- und Minimalwerte. Das Produkt dieser maximalen und minimalen Krümmung aus der Normalenebene nennt man **Gaußsche Krümmung**. Eine Oberfläche gilt als flach an einem Punkt, wenn das Produkt gleich Null ist. Eine Oberfläche hat eine positive Krümmung, wenn die Gaußsche Krümmung an diesem Punkt positiv ist – die Oberfläche ähnelt dabei einer Schüssel oder einem Hügel. Hat die Oberfläche an einem Punkt eine sattelförmige Krümmung, ist die Gaußsche Krümmung negativ.

Es gibt kompliziertere Wege, die Krümmung für höher-dimensionale Analoga von Oberflächen zu definieren.

Gaußsche Krümmung

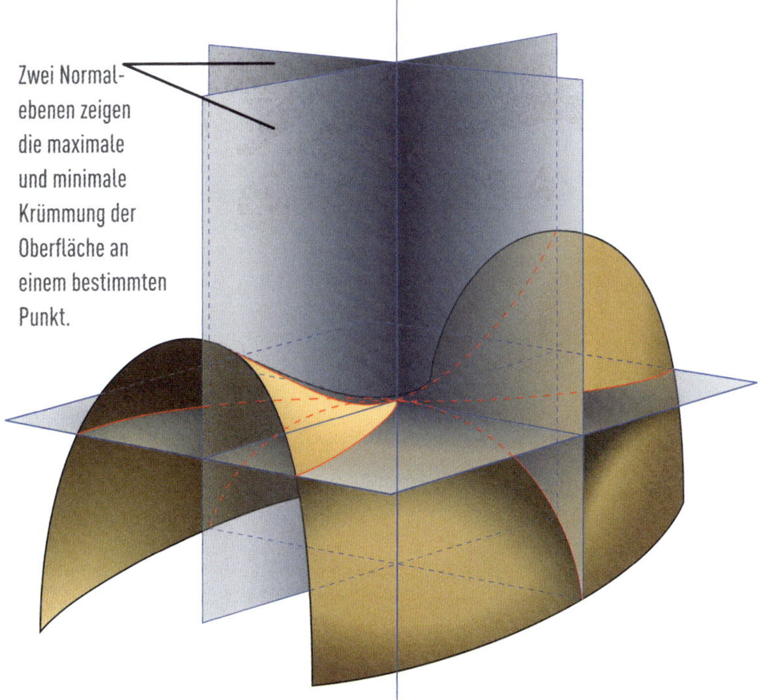

Zwei Normalebenen zeigen die maximale und minimale Krümmung der Oberfläche an einem bestimmten Punkt.

Die Gaußsche Krümmung der sattelförmigen Oberfläche ist negativ. Sie ist das Produkt der maximalen und minimalen Krümmung mit gegenteiligen Vorzeichen – wie im Bild dargestellt: Die Kurven auf den Normalenebenen liegen auf verschiedenen Seiten der Tangentialebene.

6.7 Elliptische Kurven

Kann man zwei ganze Zahlen x und y finden, sodass $y^2 = x^3 - 2x + 1$? Die Antwort ist ja, zum Beispiel $x = 0$ und $y = 1$ würde passen. Aber gibt es auch andere Lösungen?

Setzt man alle Punkte (x, y), welche die Gleichung

$$y^2 = x^3 - 2x + 1$$

erfüllen, in ein Koordinatensystem (siehe Unterkapitel 3.2), ergibt dies die schöne Kurve, die im Bild auf der gegenüberliegenden Seite dargestellt ist. Das ist ein Beispiel einer **elliptischen Kurve**.

Mit einem Blick erkennt man, dass diese elliptische Kurve alle Paare realer Zahlen x und y enthält, die Lösungen der oben stehenden Gleichung sind. Was aber, wenn man alle Paare von **komplexen Zahlen** (siehe Unterkapitel 1.9) sehen will, die auch Lösungen darstellen? Eine komplexe Zahl umfasst zwei Informationen, also muss ein Paar komplexer Zahlen vier Informationen enthalten. Um das Paar grafisch darzustellen, braucht man vier Dimensionen, die man aber nicht visualisieren kann.

Aber eine nützliche Tatsache kommt zu Hilfe. Die Form, die die komplexen Lösungen der Gleichung kodiert, *existiert* im vierdimensionalen Raum, es werden jedoch eigentlich nur zwei davon verwendet. Tatsächlich können sie durch eine Oberfläche dargestellt werden, die man sich leicht vorstellen kann: einem Doughnut. Dasselbe gilt für jede Gleichung, die eine elliptische Kurve definiert. Die Paare komplexer Zahlen, die Lösungen der Gleichungen sind, kann man immer mit einem Doughnut darstellen.

Elliptische Kurven spielten eine wichtige Rolle beim Beweis des Großen Fermatschen Satzes.

Elliptische Kurven

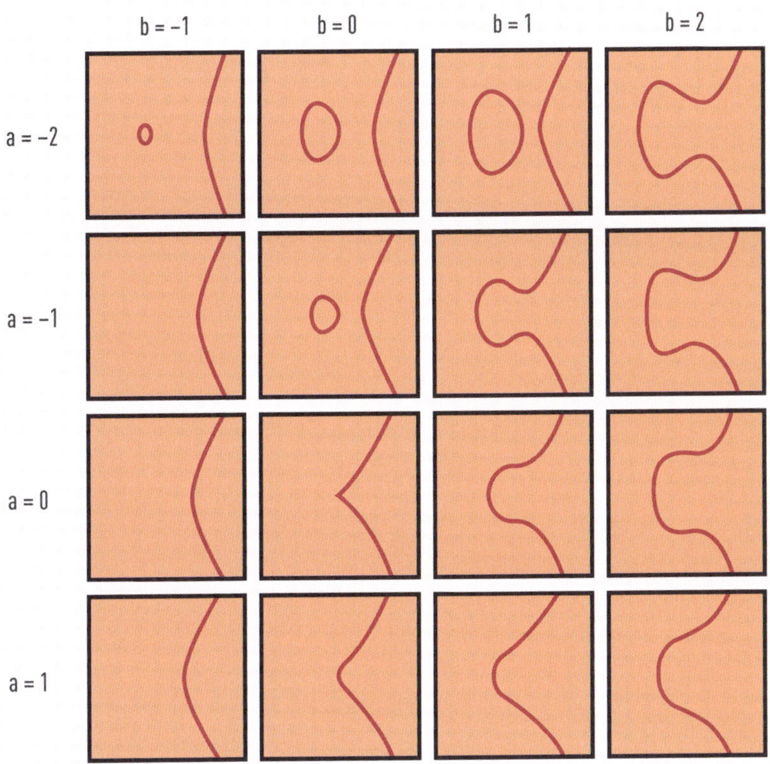

Eine elliptische Kurve wird beschrieben mit der Gleichung der Form $y^2 = x^3 + ax + b$. Das oben stehende Diagramm zeigt die elliptischen Kurven, die entstehen, wenn a zwischen −2 und 1 liegt und b zwischen −1 und 2.

6.8 Minimale Oberflächen

Gute Neuigkeiten: Man kann auch komplexe mathematische Probleme lösen, wenn man mit Seifenblasen spielt.

Ein Kreis ist die rationellste Form, da er die größte Fläche bei einem gegebenen Umfang (siehe Unterkapitel 2.3) einschließt. Man kann auch sagen, ein Kreis ist die rationellste Form, da er eine gegebene Fläche mit dem kürzesten Umfang einschließt. Dasselbe gilt für eine Kugel – sie minimiert die Oberfläche, die nötig ist, um ein bestimmtes Volumen einzuschließen.

Man kann ähnliche Fragen stellen: Wie kann man eine Fläche in gleich große Stücke unterteilen, sodass der jeweilige Umfang am kürzesten ist? Mathematiker wissen bereits seit mindestens 360 vor Chr., dass es sich dabei um die hexagonale Honigwabe handelt. Allerdings gelang es erst 1999, diese Honigwaben-Vermutung zu beweisen.

Die Natur liefert uns Antworten ohne mathematischen Beweis, denn sie kommt zu Lösungen – ob bei Bienen oder Blasen – die den geringsten Energieaufwand benötigen. Mathematisch ist eine **minimale Oberfläche** die kleinstmögliche Fläche, die gegebene Grenzen überspannt. Man kann minimale Oberflächen errechnen, indem man die entsprechenden Gleichungen löst. Oder, noch leichter: Man kann ein Stück Draht nach der Form der gewünschten Begrenzung zurechtbiegen und in eine seifige Lösung tauchen. Der Seifenfilm, der sich nach dem Herausziehen über den Draht spannt, entspricht der mathematischen Lösung.

Mathematisch sind minimale Oberflächen solche mit einer Gaußschen Krümmung von Null (siehe Unterkapitel 6.6) – also sind Kugeln technisch gesehen keine minimalen Oberflächen.

Minimale Oberflächen sprechen Architekten an. Frei Otto ist dafür berühmt, die minimalen Oberflächen von Seifenblasen für seinen Entwurf des Münchner Olympiaparks verwendet zu haben (1972).

6.9 Das Gyroid

Eine labyrinthische Oberfläche, die schöne Farben und widerspenstige Saucen hervorbringt.

Das Interesse an minimalen Oberflächen (siehe Unterkapitel 6.8) wurde in den 1970er Jahren neu belebt, dank einer Entdeckung von ultra-leichten Strukturen durch Alan Schoen, einem Wissenschafter der NASA. Schoen entdeckte das **Gyroid**, eine minimale Oberfläche, die den Raum in zwei sich drehende Labyrinthe teilt. Eine besonders ungewöhnliche Eigenschaft des Gyroids ist seine sich regelmäßig wiederholende Form – es basiert auf einem grundlegenden Stück, das sich in jede der drei Dimensionen ausdehnt.

Das Gyroid mag zwar für uns schwer vorstellbar sein, die komplexe Form findet sich jedoch wiederholt in der Natur. Das wunderschöne Schillern eines Schmetterlingflügels wird durch periodische Veränderungen des Lichts hervorgerufen, das von den winzigen Strukturen der Oberfläche gestreut wird – und bei verschiedenen Spezies hat sich herausgestellt, dass diese regelmäßigen Strukturen die Form eines Gyroids haben. Gyroide wurden auch innerhalb von Zellmembranen beobachtet und bei einigen Sorten von Plastik und Gummi.

Gyroide können auch erklären, warum es manchmal so schwierig ist, das Ketchup aus einer Glasflasche zu bekommen. Unvollkommenheiten in der regelmäßigen Form eines Gyroids haben großen Einfluss auf das Fließen - das Ergebnis ist der Eigensinn des Gewürzmittels.

Die Fähigkeit, aus einem Basiselement Gyroide aufzubauen, ist besonders interessant für das Gebiet der Nanotechnologie.

Bausteine des Gyroids

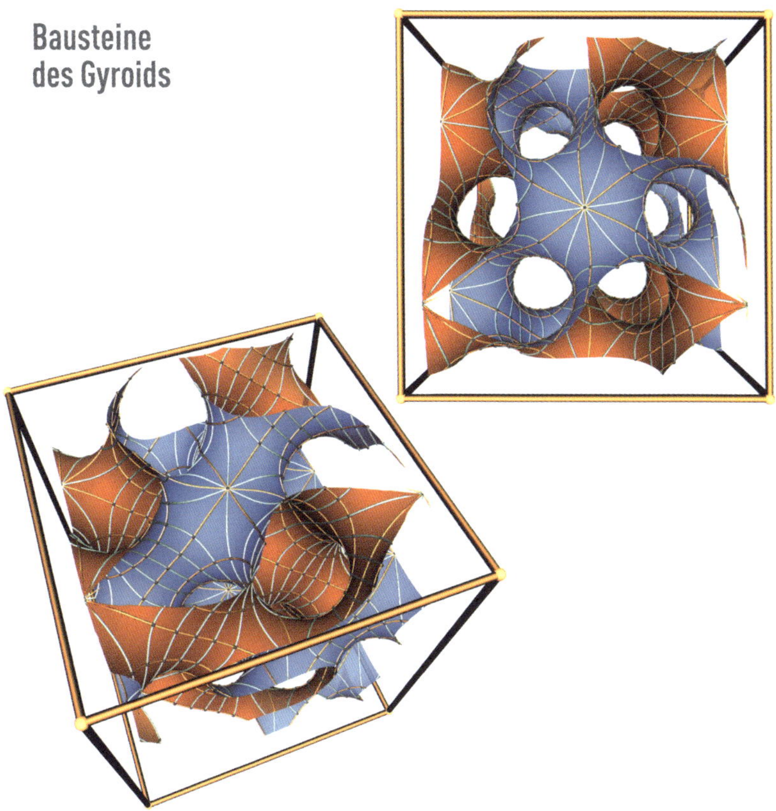

Ein Gyroid wird aus einem Basiselement aufgebaut, das sich unendlich in drei Richtungen wiederholt. Die Oberfläche, die dabei entsteht, teilt den Raum in zwei ineinander verschlungene, labyrinthartige Durchgänge.

6.10 Allgemeine Relativität

1915 veränderte Albert Einsteins Allgemeine Relativitätstheorie unsere Sichtweise auf das Universum: Erdanziehung ist keine Kraft, sondern die Krümmung der Raumzeit.

Die Meisten lernen über die Erdanziehungskraft nach der Beschreibung Isaac Newtons (1642–1727) im 17. Jahrhundert: Zwei Objekte üben aufeinander eine Anziehungskraft aus, die proportional zum Produkt ihrer Massen, dividiert durch die Quadratwurzel ihrer Distanz zueinander ist.

Diese gute Beschreibung deckt sich mit unseren täglichen Erfahrungen mit der Erdanziehungskraft. Sie stellte auch die Wissenschaft über mehr als zwei Jahrhunderte zufrieden. In einem Gedankenexperiment erkannte Albert Einstein (1879–1955), dass Newtons Theorie nicht stimmen konnte. Man stelle sich die Explosion der Sonne vor. Aufgrund der Zeit, die das Sonnenlicht benötigt, um die Erde zu erreichen, würde man die Katastrophe erst acht Minuten später bemerken. Laut Newtons Theorie müsste man den Verlust der Anziehungskraft der Sonne jedoch sofort spüren.

Hier wird es problematisch, denn 1905 hatte Einstein in seiner Speziellen Relativitätstheorie bewiesen, dass sich nichts schneller als das Licht fortbewegt, nicht einmal Information. Der unverzügliche Verlust der Anziehungskraft der Sonne stünde dazu im Widerspruch.

Stattdessen veränderte Einstein die Sicht auf Raum und Anziehungskraft: Man solle zwischen Raum und Zeit nicht unterscheiden, sondern sie als zwei Seiten eines Konzeptes betrachten: **Raumzeit**. Demnach ist Anziehungskraft das Ergebnis der Krümmung der Raumzeit durch Materie.

„Raum und Zeit sind Art und Weise, wie wir denken – und nicht Bedingungen, unter denen wir leben."
Albert Einstein

Krümmung der Raumzeit

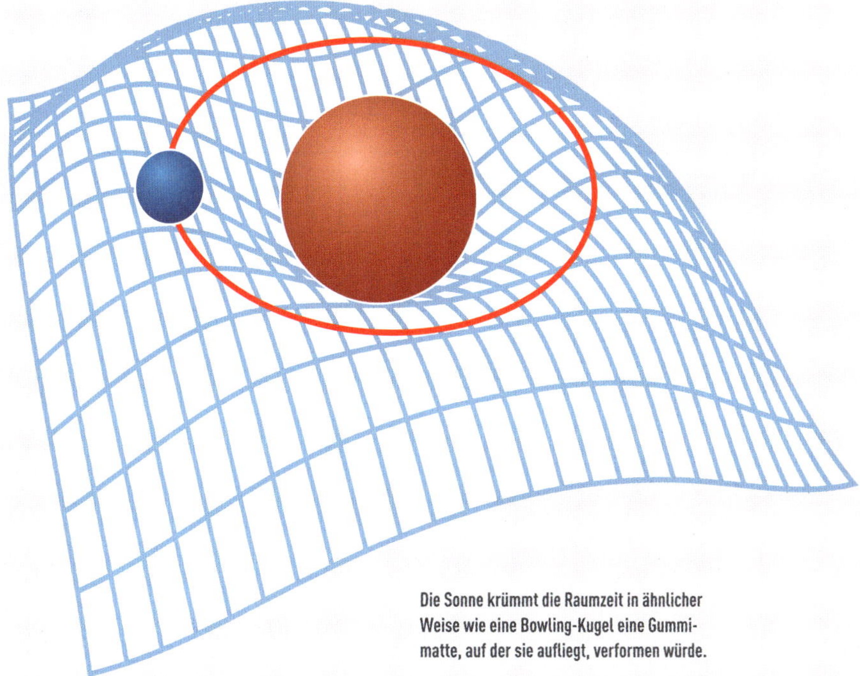

Die Sonne krümmt die Raumzeit in ähnlicher Weise wie eine Bowling-Kugel eine Gummimatte, auf der sie aufliegt, verformen würde.

Die massive Sonne verformt die Raumzeit. Die Kurve, die dabei entsteht, bedeutet, dass ein Objekt, das sich ihr nähert, diese Kurve hinunterrollen und dabei wie eine Murmel in einer Schüssel um die Sonne kreisen würde.

MUSTER UND SYMMETRIE

Der berühmte Zahlentheoretiker G. H. Hardy (1877–1947) sagte einmal: „Ein Mathematiker schafft Muster wie ein Maler oder Poet. Wenn seine Muster dauerhafter sind, liegt es daran, dass sie aus Ideen bestehen."

Dieses Zitat von Hardy enthält genau das, was Mathematiker von ihrer Kunst halten: Mathematik ist die Sprache von Mustern und Formen. Einige dieser Muster, wie die wunderschöne Symmetrie einer Schneeflocke, sind sichtbar, andere sind der Sicht entzogen. Sie liegen verborgen in mathematischen Strukturen, welche die Welt um uns beschreiben.

In diesem Kapitel erkunden wir sowohl die sichtbaren, als auch die verborgenen Symmetrien. Wir beginnen mit dem Konzept der Symmetrie, die jedes Kind erkennt und von der viele Menschen glauben, sie sei die Voraussetzung für

Fortsetzung umseitig

Schönheit. Wir erfahren, warum es nur eine beschränkte Anzahl von Arten gibt, ein Badezimmer zu verfliesen, oder eine limitierte Auswahl an Tapetenmustern für das Wohnzimmer. Wir lesen auch über den Streit, den ein berühmter Mathematiker mit Kleenex ausfocht – über die kluge Art, Toilettenpapier basierend auf einer sich nie wiederholenden Parkettierung zu prägen.

Danach untersuchen wir die verborgenen Symmetrien in Gleichungen, mathematischen Problemstellungen und anderen abstrakten Strukturen. Wir erkunden, wie diese Symmetrien zur Lösung von Problemen beitragen und wie sie zu fundamentalen Gesetzen der Physik in Beziehung stehen. Wir lernen auch die abstrakte Studie über Symmetrie kennen, die zwei der tragischsten Helden der Mathematik betrifft (siehe Seite 70), und erfahren, wie es zum längsten mathematischen Beweis in der Geschichte kam.

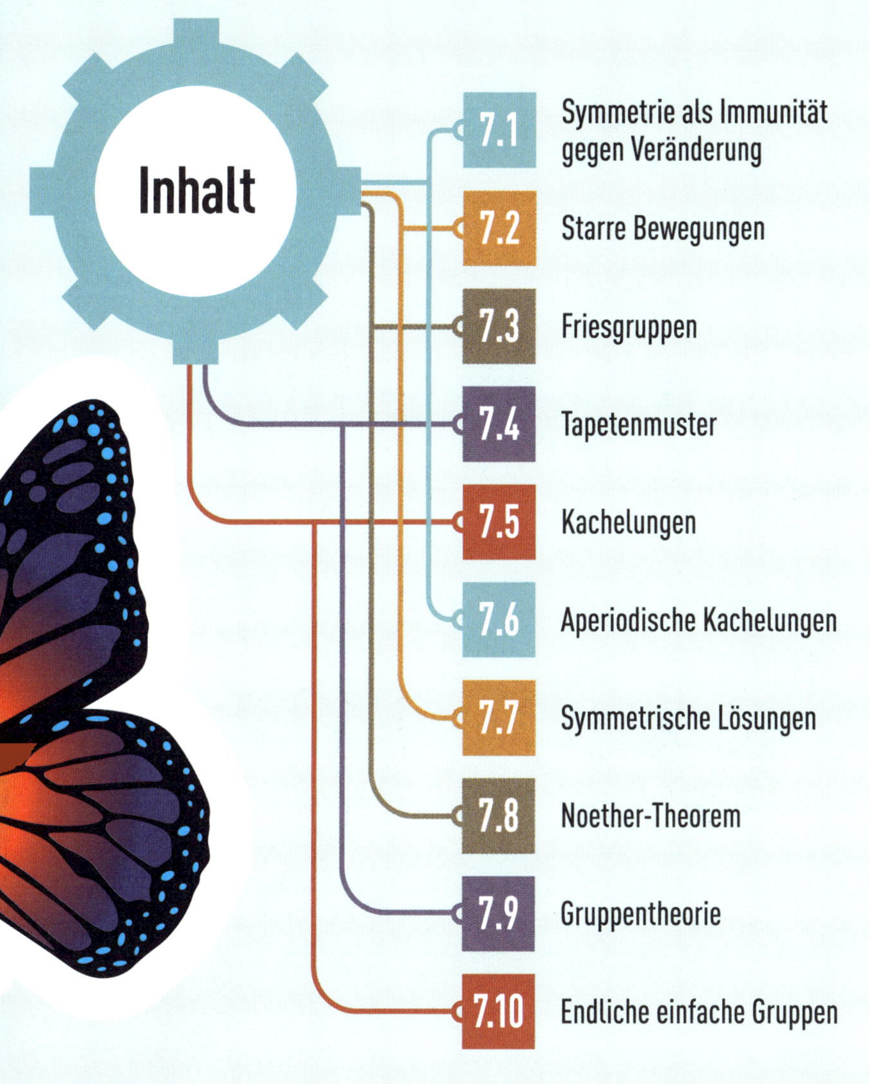

Inhalt

7.1 Symmetrie als Immunität gegen Veränderung

Wir haben ein intuitives Verständnis für Symmetrie, während die Mathematik dafür eine sehr präzise Definition anbietet.

Man schließe die Augen und drehe ein in der Mitte befestigtes quadratisches Blatt Papier um 45 Grad – eine Achteldrehung. Beim Öffnen der Augen erkennt man den Unterschied. Dreht man das Quadrat um 90 Grad – eine Vierteldrehung – wird die Form unverändert aussehen.

Symmetrie ist ein Vorgang, bei dem ein Objekt im Wesentlichen unverändert bleibt. Obiges Quadrat ist immun gegen eine Drehung um 90 Grad, verändert sich jedoch bei einer Drehung um 45 Grad, weil es zwar eine **vierfache,** aber keine **achtfache Rotationssymmetrie** aufweist.

Symmetrie kann viele Formen annehmen und findet sich bei vielen Objekten. Materielle Objekte weisen viele verschiedene Formen von Symmetrie auf – wie Rotationssymmetrie und Spiegelung. Doch auch in der Mathematik, sogar bei Gleichungen, können Symmetrien auftreten, wie die Immunität gegen Veränderung bei Variablen.

Menschen sollen einen angeborenen Sinn für Symmetrie haben. Man erkennt sie leicht und es gibt sogar Untersuchungen, ob man sie vorzieht (ob man symmetrische Gesichter schöner findet als asymmetrische). Doch auch ein Mangel an Symmetrie spielt eine wichtige Rolle in der Ästhetik – unser Auge wird automatisch dorthin gelenkt, wo die Symmetrie bricht.

Steinkugeln mit symmetrischen Einkerbungen aus dem Neolithikum in Schottland sind ein frühes Beispiel unserer Faszination für Symmetrie.

Symmetrie kommt in der Natur oft vor. Man beachte die Spiegelung, die in fast perfekter Weise im Gesicht des Tigers zu sehen ist. Doch Asymmetrie ist ebenso wichtig – wie bei der Chiralität der Proteine im menschlichen Körper.

7.2 Starre Bewegungen

Was kann man mit einem Stück Papier anstellen, ohne dabei das darauf gezeichnete Bild zu verzerren?

Natürlich darf man das Papier nicht falten, zerknüllen oder dehnen. Was man aber tun kann, ist es in einer gewissen Richtung um eine bestimmte Distanz zu verschieben. Das nennt man eine **Parallelverschiebung** (Translation). Man kann auch mit dem Finger das Papier an einem Punkt fixieren und es darum um einen bestimmten Winkel drehen. Das ist eine **Rotation** (Drehung). Man kann auch eine Linie ziehen und das Bild darin reflektieren – so erhält man ein Spiegelbild des Objektes selbst.

Gibt es noch andere Dinge, vielleicht kompliziertere, die man tun könnte? Die Antwort ist nein. Eine Transformation, die die Abstände zwischen den Punkten auf der Fläche gleich lässt, nennt man eine **starre Bewegung**. Es gibt nur vier verschiedene Arten davon: Parallelverschiebung, Drehung, Spiegelung und **Gleitspiegelung**. Letztere beinhaltet eine Spiegelung gefolgt von einer Verschiebung parallel zur Spiegelachse.

Starre Bewegungen helfen, das zu beschreiben, was man gemeinhin ausdrücken will, wenn man sagt, eine Form sei **symmetrisch**: Sie bleibt dieselbe, auch wenn man an ihr eine Spiegelung, Drehung, Parallelverschiebung oder Gleitspiegelung durchführt.

Schmetterlngsflügel sind spiegelsymmetrisch, während Schneeflocken eine sechsfache Rotationssymmetrie aufweisen.

Starre Bewegungen

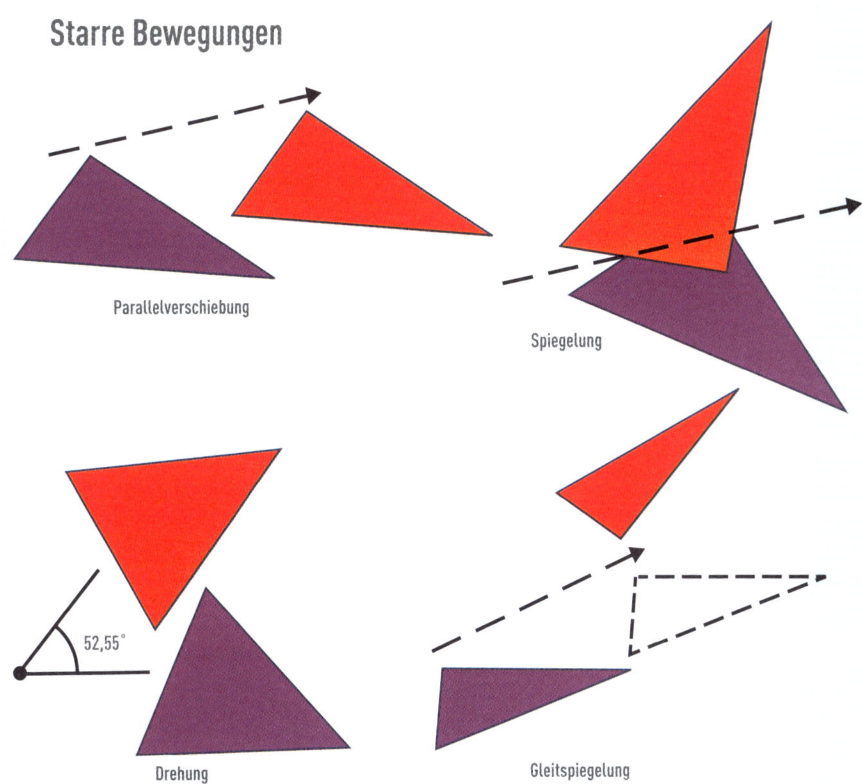

Parallelverschiebung

Spiegelung

Drehung

Gleitspiegelung

Starre Bewegungen lassen uns das ausdrücken, was man üblicherweise meint, wenn man sagt, eine Form sei symmetrisch: Sie bleibt dieselbe, auch wenn man an ihr eine Spiegelung, Drehung, Parallelverschiebung oder Gleitspiegelung durchführt.

7.3 Friesgruppen

Man kann Muster nach den enthaltenden Symmetrien beschreiben. Auch, wenn zwei Muster aus ganz verschiedenen Elementen bestehen, können sie doch dieselbe Art von Symmetrie aufweisen.

Man kann Friesgruppen auf Bändern, dekorativen Leisten auf Gebäuden, sogar in den eigenen Fußabdrücken beobachten. Eine Friesgruppe weist eine **translationale Symmetrie** (siehe Unterkapitel 7.2) auf – das heißt, man kann das Muster um eine bestimmte Distanz verschieben und es bleibt trotzdem unverändert.

Mathematiker beschreiben Friesgruppen nach den Symmetrien, die sie beinhalten. Die einfachste Friesgruppe (wie bei einem„Hüpfer") enthält nur eine Translationssymmetrie. Andere Muster können mehrere Symmetrien aufweisen – wie bei einem „gedrehten Sprung", der neben der Translationssymmetrie auch über eine horizontale und vertikale Symmetrie (sie verändern sich nicht, wenn sie an einer horizontalen oder vertikalen Linie gespiegelt werden) und eine Rotationssymmetrie verfügen. Das Muster unserer Fußabdrücke enthält eine Gleitspiegelung, wobei das Muster unverändert bleibt, nachdem man es verschoben und dann an einer horizontalen Linie gespiegelt hat.

Man kann diese Symmetrien auf sieben Arten kombinieren, was sieben Friesgruppen ergibt. Diese entdeckte man schon vor Jahrhunderten und man sieht sie auf vielen antiken Gebäuden. Aber Mathematiker konnten nicht beweisen, dass tatsächlich nur diese sieben und nicht mehr Friesgruppen existieren – bis ins 19. Jahrhundert.

Die ältesten Beispiele der sieben Friesgruppen stammen aus dem Paleolithikum: 25000–10000 v.Chr.

Die sieben Muster

Hüpfer
(Translation)

Schritt
(Translation und Gleitspiegelung)

Sprung
(Translation und horizontale Spiegelung)

Zehen-Fersen-Schritt
(Translation und vertikale Spiegelung)

Gedrehter Hüpfer
(Translation und Rotation)

Gedrehter Sprung
(Translation, Rotation, horizontale und vertikale Spiegelung)

Gedrehter Zehen-Fersen-Schritt
(Translation, Rotation, Gleit- und vertikale Spiegelung)

Es gibt sieben Friesgruppen. Sie enthalten alle eine Translationssymmetrie, einige davon auch eine Rotationssymmetrie oder auch vertikale, horizontale und Gleitspiegelungen.

7.4 Tapetenmuster

Bedenkt man die schier unendliche Vielfalt von Entwürfen für Tapetenmuster, überrascht es vielleicht doch, dass Mathematiker nur 17 verschiedene Typen anerkennen.

Für Mathematiker besteht ein Tapetenmuster, wenn ein Basisblock – sagen wir eine Rose in einem Blumenmuster – sich wieder und wieder in zwei Richtungen wiederholt. Da man es in die zwei Richtungen verschieben kann, ohne es zu verändern, hat so ein Muster zwei Translationssymmetrien. Es könnte aber auch Spiegelungen und Rotationen sowie Gleitspiegelungen enthalten.

Wenn auch altmodische Tapeten sehr unterschiedlich zu den ultramodernen Mustern unserer Zeit aussehen mögen, sind beide gleich, was die ihnen innewohnenden Symmetrien betrifft. Durch Überprüfung aller Möglichkeiten ermittelten Mathematiker eine Gesamtmenge von 17 **Tapetenmuster-Gruppen**, wobei jede davon eine bestimmte Konfiguration an Symmetrien aufweist. Zum Beispiel kann eine Rotation bei einem Tapetenmuster nur Winkel von 60, 90, 120 und 180 Grad haben – man kann die Basisblöcke einfach in keiner anderen Weise zusammenfügen, sodass sie eine andere Art von Rotationssymmetrie ergeben. Das ist ein Phänomen, dass man auch bei Kachelungen (siehe Unterkapitel 7.5) antrifft.

Der russische Mathematiker Jewgraf Fjodorow (1853–1919) bewies 1891, dass es genau 17 Gruppen gibt. Fjodorow war unter anderem Chemiker, was ihn zu dem Beweis motivierte. Chemiker verwenden Symmetrien, um das Verhalten von chemischen Verbindungen zu begreifen.

Mindestens 14 der 17 Tapetenmuster wurden in der Alhambra in Spanien gefunden.

Dieses sich wiederholende Sterne-Muster findet man zum Beispiel in den Wandverkleidungen der Alhambra in Granada, Spanien.

7.5 Kachelungen

Sollten Sie sich schon gewundert haben, warum Badezimmerfliesen meist quadratisch sind – hier steht die Begründung.

Es gibt nicht viele regelmäßige Polygone (siehe Unterkapitel 2.2), mit denen man eine Fläche auslegen kann. Die einzigen Möglichkeiten sind gleichseitige Dreiecke, Quadrate und regelmäßige Sechsecke, die zusammengelegt das Honigwaben-Muster ergeben.

Wenn man versucht, regelmäßige Fünfecke zusammenzufügen, wird man rasch scheitern. Der Grund ist leicht zu erkennen. Die inneren Winkel in den Ecken eines regelmäßigen Fünfecks ergeben 108 Grad. Wenn die Ecken der angrenzenden Fliesen alle auf einem Punkt zusammentreffen sollen, muss man eine gegebene Anzahl von Fliesen rund um diesen Punkt auflegen, sodass ihre Winkel die vollen 360 Grad ergeben. Drei Fünfecke ergeben gemeinsam 108 × 3 = 324 Grad, was nicht ausreicht. Vier Fünfecke ergeben 108 × 4 = 432 Grad, was zu viel ist – sie überlappen sich. Man kann nicht gewinnen.

Nehmen wir an, man legt die Fliesen aneinander, sodass die Ecke einer Fliese irgendwo entlang der Kante der benachbarten Fliese zu liegen kommt. Diese Kante nimmt 180 Grad in Anspruch, da sie gerade ist. Eine weitere fünfeckige Fliese, in derselben Art gelegt, würde weitere 108 Grad beanspruchen. Das lässt 180 – 108 = 72 Grad offen, was nicht genug Platz für ein zusätzliches Fünfeck bietet. In ähnlicher Weise kann man zeigen, dass kein regelmäßiges Polygon mit mehr als sechs Seiten eine Fläche ausfüllen kann.

Es gibt mehr Optionen für eine Kachelung, wenn die Fliesen nicht regelmäßige Polygone sein müssen – von einfachen Rechtecken bis zu Sternen (siehe Seite 169).

Fliesenmuster

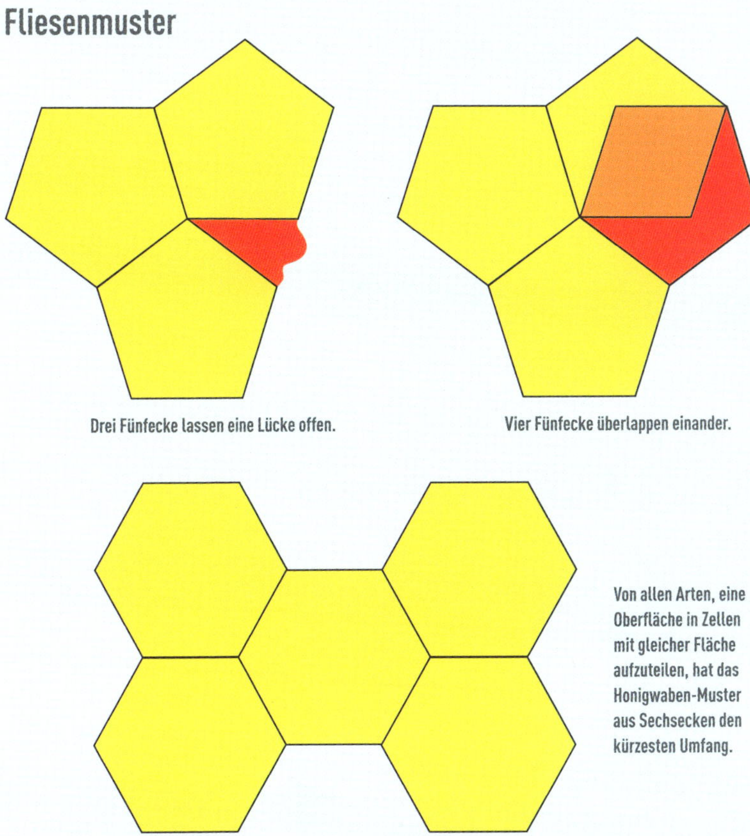

Drei Fünfecke lassen eine Lücke offen.

Vier Fünfecke überlappen einander.

Von allen Arten, eine Oberfläche in Zellen mit gleicher Fläche aufzuteilen, hat das Honigwaben-Muster aus Sechsecken den kürzesten Umfang.

Während Fünfecke keine Polygone für Kachelungen sind, ist dies für regelmäßige Sechsecke, die das bekannte Honigwaben-Muster ergeben, nicht der Fall.

7.6 Aperiodische Kachelung

Sich nicht-wiederholende Kachelungen zu entwerfen, ist schwieriger als man denkt.

Die meisten Kachelungen einer Fläche, die einem spontan einfallen, sind periodisch: Sie bestehen aus einer Basiseinheit, die immer wieder in alle Richtungen wiederholt wird.

Es ist jedoch möglich, Kachelungen zu machen, die nicht periodisch sind. Als Beispiel nehme man eine quadratische Kachelung und teile jedes Quadrat in zwei gleich große Rechtecke. Man verwende eine Vertikale für alle Quadrate, außer dem letzten. Dafür nehme man eine Horizontale. In welche Richtung auch immer man sich weiter bewegt, man wird das horizontal geteilte Quadrat nie wiederfinden. Das ist jedoch ein langweiliges Beispiel, weil nur der kleine Unterschied es zu einer **nicht-periodischen** Kachelung werden lässt. Die beteiligten Rechtecke selbst können jedoch auch wieder eine periodische Kachelung ergeben.

Die Frage ist, ob es einen Satz von Fliesen gibt, der *nur* aperiodische Kachelungen ergibt. Die Antwort ist ja. Die Penrose-Parkettierung auf der gegenüberliegenden Seite, benannt nach dem englischen Mathematiker, Physiker und Philosophen Roger Penrose, ist ein Beispiel dafür. Der dünne und der dicke Rhombus können zwar nicht für eine periodische Kachelung verwendet werden, aber sie ergeben eine nicht-periodische. Und im Gegensatz zu dem langweiligen Beispiel oben enthält diese Kachelung nicht zufällig große Flecken, die periodisch sind. Kachelungen mit dieser Eigenschaft nennt man aperiodisch.

1997 klagte Penrose Kleenex wegen Verwendung einer Form der Penrose-Parkettierung, um Toilettenpapier zu prägen – und gewann.

Einheiten von aperiodischen Kacheln

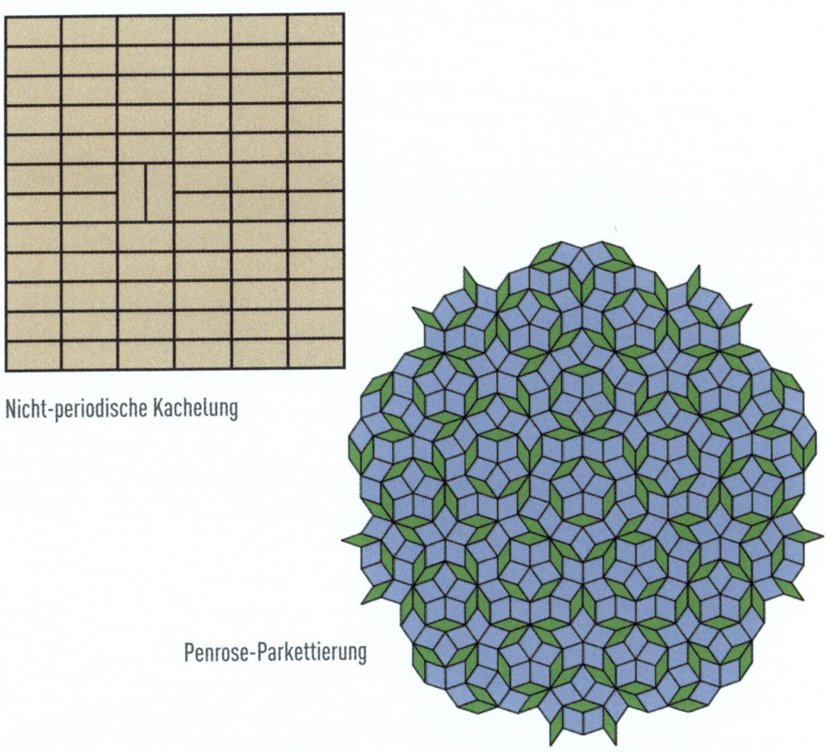

Nicht-periodische Kachelung

Penrose-Parkettierung

Das obere Bild zeigt eine nicht-periodische Kachelung: Man kann sich in alle Richtungen wenden, man wird nie wieder dasselbe Muster vorfinden. Die Penrose-Parkettierung (unten) ist aperiodisch.

7.7 Symmetrische Lösungen

Gewisse Probleme können Symmetrien aufzeigen. Wenn man sich dessen bewusst ist, kann das erleichtern, Lösungsansätze zu finden.

Wenn Sie gerne Sudokus lösen, wird es Ihnen gefallen, zu hören, dass es 6.670.903.752.021.072.936.960 verschiedene Arten gibt, einen leeren Sudoku-Raster auszufüllen. Jede davon ist die Lösung zu einem Puzzle, also liegen noch eine Menge Spiele vor Ihnen.

Aber warten Sie! Bei einem gegebenen ausgefüllten Raster kann man einen weiteren erzeugen, indem man den ersten Raster um 90 Grad dreht oder ihn an der vertikalen Symmetrieachse des Quadrates spiegelt. Wenn man all diese Symmetrien in Betracht zieht, bleiben nur mehr 5.472.730.38 wesentlich unterschiedliche Lösungen übrig – und deshalb auch weit weniger wesentlich unterschiedliche Puzzles.

Wir haben hier also erfahren, dass einige Problemstellungen symmetrische Lösungen erlauben: Hat man einmal eine Lösung gefunden, dann kann man eine andere herausfinden, indem man einfach die im Problem enthaltenen „Elemente" (Zahlen im Falle des Sodukus) auf irgendeine Art vertauscht.

Wenn man sich solcher Symmetrien bewusst ist, kann das eine Fülle von Situationen erleichtern, die eine Problemlösung beinhalten, die Bedingungen unterworfen ist, wie Zeitpläne zu erstellen oder Ressourcen zu verteilen.

Gleichungen erlauben auch symmetrische Lösungen: Sowohl x als auch $-x$ sind Lösungen für $y = x^2$.

Symmetrie im Sudoku

1	2	5	3	7	8	9	4	7
3	7	8	9	6	4	2	1	5
4	9	6	1	2	5	8	3	7
2	6	9	4	5	3	1	7	8
8	4	1	7	9	2	6	5	3
5	3	7	8	1	6	4	9	2
9	1	2	5	8	7	3	6	4
6	5	3	2	4	9	7	8	1
7	8	4	6	3	1	5	2	9

7	6	9	5	8	2	4	3	1
8	5	1	3	4	6	9	7	2
4	3	2	7	1	9	6	8	5
6	2	5	8	7	4	1	9	3
3	4	8	1	9	5	2	6	7
1	9	7	6	2	3	5	4	8
5	7	3	4	6	1	8	2	9
2	8	6	9	5	7	3	1	4
9	1	4	2	3	8	7	5	7

In diesem Beispiel ist der zweite Raster der um 90 Grad im Uhrzeigersinn gedrehte erste Raster.

Wenn man einen Computer darauf programmiert, alle möglichen Sudoku-Lösungen zu finden, so verhindert die Einbeziehung von Symmetrien, dass das Programm mit dem Finden von im Grunde identischen Lösungen wertvolle Zeit beim Suchen verliert.

7.8 Noether-Theorem

Vielleicht wissen Sie, dass in der Physik bestimmte Mengen immer erhalten bleiben. Das Noether-Theorem besagt, dass diese Erhaltungsgrößen in enger Beziehung mit der Symmetrie stehen.

Ein Beispiel für Erhaltungsgrößen ist die Energie. Trifft eine Billlardkugel auf eine andere und kommt dabei zu einem plötzlichen Halt, ist die Energie nicht verloren, sondern die Energie der ersten Kugel hat sich auf die getroffene Kugel übertragen. Andere Beispiele von Erhaltungsgrößen sind der **Impuls** (eine Maßeinheit für die Bewegung eines Objektes entlang einer Geraden) und der **Drehimpuls** (analog für eine rotierende Bewegung). Der Impuls der ersten Billardkugel verschwindet nicht, sondern wird auf die zweite übertragen. Dasselbe würde passieren, bewegten sich die zwei Kugeln auf einer kreisrunden Bahn.

Laut dem *Noether-Theorem* entspricht dieses Erhaltungsgesetz den Symmetrien. Verhält sich ein physikalisches System (hier der Billardtisch mit den Kugeln) gleich, unabhängig von seiner Orientierung im Raum – also mit Rotationssymmetrie – impliziert das die Erhaltung des Drehimpulses. Gleiches Verhalten, unabhängig von der Lage im Raum, also mit Translationssymmetrie, zieht die Erhaltung des Impulses nach sich. Und gleiches Verhalten, unabhängig von der Zeit, also mit translationaler Zeitsymmetrie, eine Erhaltung der Energie.

Albert Einstein nannte Emmy Noether ein „kreatives mathematisches Genie".

Das Noether-Theorem zeigt die enge Verbindung zwischen Physik und Symmetrie. Moderne physikalische Theorien, die den grundlegenden Aufbau in der Natur beschreiben, beruhen alle auf dem Konzept der Symmetrie.

Drehimpuls

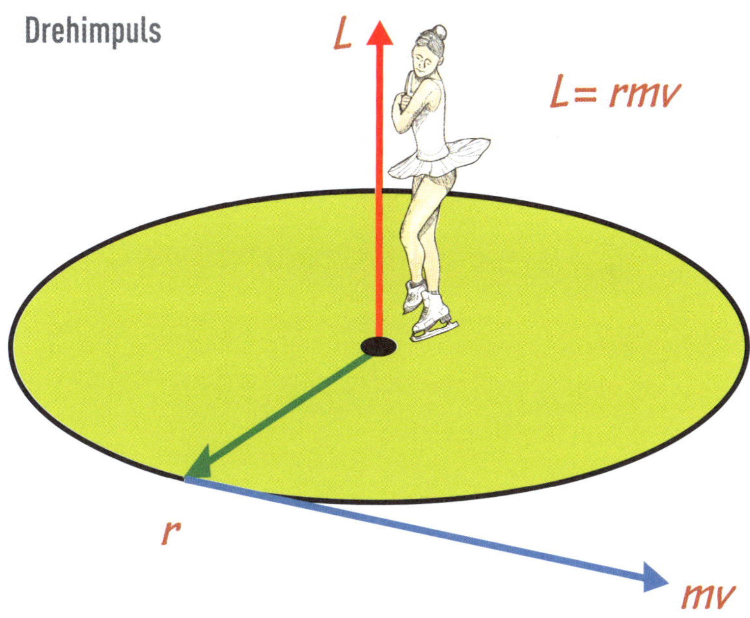

Der Betrag des Drehimpulses (*L*) hängt von der Rotationsgeschwindigkeit (*v*)
und der Größe des Objektes ab, gemessen zum Abstand vom Rotationsmittelpunkt (*r*).

Die Erhaltung des Drehimpulses erklärt, warum zum Beispiel die Geschwindigkeit der Drehung bei Eiskunstläufern größer wird, wenn man die Arme einzieht: Da der Abstand (*r*) kleiner wird, muss die Geschwindigkeit (*v*) größer werden, damit der Drehimpuls (*L*) gleich bleibt.

7.9 Gruppentheorie

Mengen von symmetrischen Formen bilden interessante Strukturen, die in der gesamten Mathematik und Wissenschaft auftreten.

Wann immer man Symmetrie an ein Objekt anlegt – sagen wir, eine Spiegelung eines Quadrates – und danach eine weitere Symmetrie folgen lässt – sagen wir, eine Rotation – ist das Ergebnis ebenfalls eine Symmetrie, denn wenn man etwas zweimal unverändert lässt, endet es darin, gänzlich unverändert zu bleiben. Umso mehr, als jede Symmetrie durch eine andere „aufgehoben" werden kann. Eine Drehung im Uhrzeigersinn um einen bestimmten Winkel wird durch die entsprechende Drehung gegen den Uhrzeigersinn wieder aufgehoben. Eine Operation des Nicht-Handelns ist (trivialerweise) ebenfalls eine Symmetrie.

Mathematiker nahmen diese Eigenschaften (plus einer vierten) aus ihrem spezifischen Kontext und definierten allgemeine Strukturen, **Gruppen** genannt. Eine Gruppe ist eine Menge von Elementen (das kann alles sein) mit einer inneren Verknüpfung von zwei Elementen (man schreibt + für diesen Vorgang), für die die folgenden Regeln gelten:

1. Sind a und b Elemente der Gruppe, ist es auch $a + b$.
2. Es gibt ein neutrales Element e, sodass für alle anderen Elemente a gilt: $a + e = e + a = a$ (e entspricht dem „Nicht-Handeln").
3. Jedes a hat eine inverses Element b, so gilt: $a + b = e$.
4. $(a + b) + c = a + (b + c)$ (kombiniert man drei Elemente in einer Reihe, ist es egal, welche der beiden Paarungen man zuerst ausführt).

Die Menge der ganzen Zahlen bildet mit der Addition als Verknüpfung eine Gruppe, da sie die vier Gesetze erfüllt.

Liesche Gruppen

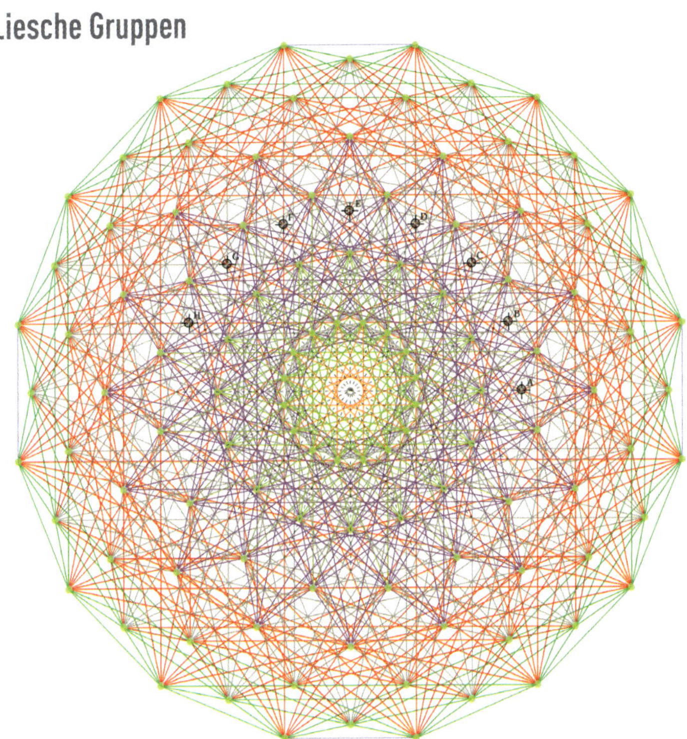

Dies ist eine Abbildung der *besonderen Lieschen Gruppe* E_8, die für die Physik wichtig ist.

Die Ergebnisse der Gruppentheorie können in jedem Kontext angewandt werden, in dem Gruppen auftreten könnten, von der Untersuchung von Symmetrien einer Form bis zu den Symmetrien in physikalischen Gleichungen.

7.10 Endliche einfache Gruppen

Als Mathematiker einmal Gruppen als abstrakte Strukturen definiert hatten, wollten sie die verschiedenen Arten von Gruppen herausfinden. Dies führte zum längsten Beweis in der Geschichte der Mathematik.

So wie die natürlichen Zahlen durch Produkte aus Primzahlen ausgedrückt werden können (siehe Unterkapitel 1.5), kann auch eine Gruppe in Untergruppen eingeteilt werden, die wiederum weiter unterteilt werden können. Diese Untergruppen nennt man **einfache Gruppen**. Um die verschiedenen Strukturen einer Gruppe begreifen zu können, machten sich in den 1980er Jahren Mathematiker daran, alle endlichen einfachen Gruppen zu klassifizieren – das heißt, alle einfachen Gruppen, die aus endlich vielen Elementen bestehen.

Die Aufgabe erwies sich als ganz erheblich. Die Klassifikation und der Beweis, dass sie vollständig und korrekt ist, füllten mehr als 10.000 Seiten und wurden in rund 500 Artikeln unter Mitwirkung von mehr als 100 verschiedenen Autoren aus aller Welt veröffentlicht. Es benötigte weitere sieben Jahre und zusätzliche Bücher, um die Fehler im ursprünglichen Beweis zu beheben.

Die 2004 fertiggestellte Klassifikation identifiziert 18 unendliche Kategorien von endlichen einfachen Gruppen, und weitere 16 individuelle Gruppen, die nicht in die 18 Kategorien passen. Zum jetzigen Zeitpunkt verstehen nur eine Handvoll Mathematiker weltweit den gesamten Beweis. Sie arbeiten hart an einer einfacheren Version, sodass auch weniger begabte Sterbliche sie verstehen.

Die größte sporadische Gruppe heißt Monstergruppe und besteht aus 808.017.424.794. 512.875.886.459.904. 961.710.757.005.754. 368.000.000.000 Elementen.

Tick Tack

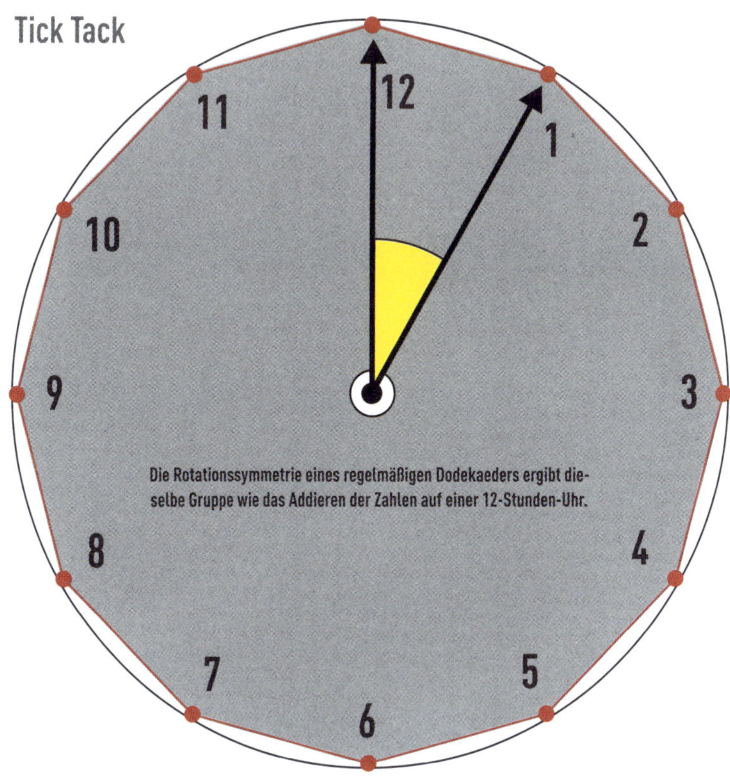

Die Rotationssymmetrie eines regelmäßigen Dodekaeders ergibt dieselbe Gruppe wie das Addieren der Zahlen auf einer 12-Stunden-Uhr.

Welche andere Arten von abstrakten Gruppen gibt es neben der oben stehenden, die einem Dodekaeder nachgebildet sind? Das ist eine typische Frage, wie sie durch die Klassifikation endlicher einfacher Gruppen gestellt wird.

8

VERÄNDERUNG

Mathematik liefert wirksames und genaues Werkzeug, um Veränderung zu beschreiben. In dem Kapitel beginnen wir mit Differenzengleichungen, die unter anderem die Beziehung zwischen den Werten von Dingen im laufenden Jahr, sagen wir die Größe einer Tierpopulation, und dem darauf folgenden, erfassen. Solche Beschreibungen von Veränderung über einen Zeitraum sind ein Beispiel für ein dynamisches System.

Diese Gleichungen können vielerlei Verhalten aufzeigen. So kann zum Beispiel eine durch die Gleichung beschriebene Population ein sich wiederholendes Wertmuster durchlaufen. Oder sie läuft auf einen individuellen Wert hinaus, den Attraktor eines Systems. Berühmt ist der Lorenz-Attraktor, der wie ein Schmetterling aussieht. Trotz seines Aussehens ist der Attraktor nicht der Auslöser für den berühmten Schmetterlingseffekt von Lorenz. Damit beschrieb er die Empfindlichkeit gewisser mathematischer

Fortsetzung umseitig

Modelle: Beginnt man zwei Simulationen mit nur gering abweichenden Anfangsbedingungen – wäre der Unterschied auch nur äquivalent zum Flügelschlag eines Schmetterlings – könnte es zu völlig unterschiedlichen Ergebnissen kommen.

Empfindlichkeit ist das Kennzeichen für mathematisches Chaos. Chaos liefert die Erklärung für die Schwierigkeit, manche dynamische Systeme zu beschreiben oder vorherzusagen. Zum Beispiel können Modelle für die Wettervorhersage chaotisch sein. Lorenz entdeckte beim Simulieren von Wettermodellen am Computer erstmals den Schmetterlingseffekt. Durch Beschreibungen mit Differenzialgleichungen, wie sich die Veränderungen von Druck und Geschwindigkeit in Flüssigkeiten zueinander verhalten, kann man das Wetter vorhersagen. Sie sind für eine gegebene Situation teuflisch schwer zu lösen; sie zu zähmen, könnte Millionen einbringen.

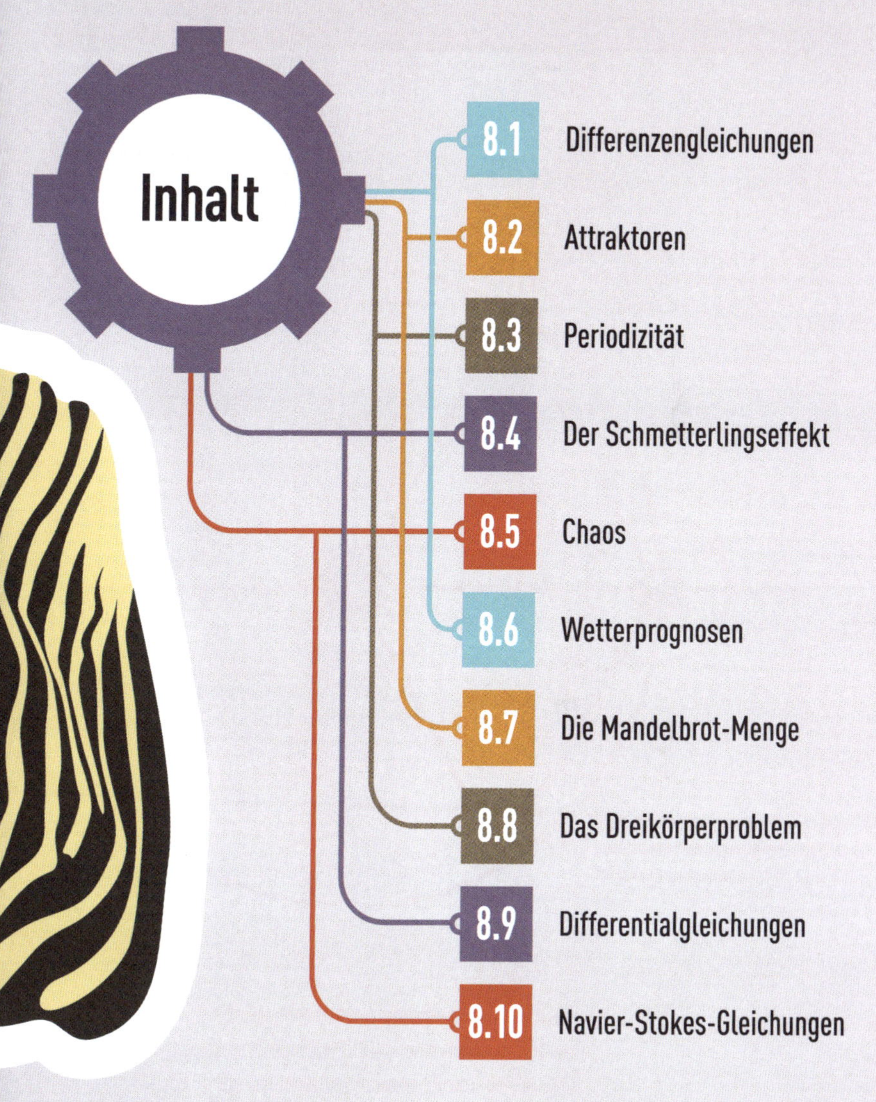
Inhalt
8.1 Differenzengleichungen
8.2 Attraktoren
8.3 Periodizität
8.4 Der Schmetterlingseffekt
8.5 Chaos
8.6 Wetterprognosen
8.7 Die Mandelbrot-Menge
8.8 Das Dreikörperproblem
8.9 Differentialgleichungen
8.10 Navier-Stokes-Gleichungen

8.1 Differenzengleichungen

Wie man die Zukunft mit Ereignissen aus der Vergangenheit vorhersagt.

Nehmen wir an, man möchte bei einer gegebenen Tierpolulation schätzen, wie viele Tiere es im darauf folgenden Jahr geben wird. Man weiß, dass bei wenigen Tieren genug Raum und Nahrung vorhanden ist und es daher einen Zuwachs geben wird. Gibt es jedoch viele Tiere, wird die Nahrung knapp und die Population wird geringer. Ein berühmtes Beispiel, um diese Situation zu beschreiben, ist:
$p_{\text{nächstes Jahr}} = 2p_{\text{dieses Jahr}}(1 - p_{\text{dieses Jahr}})$.

Hier sind , $p_{\text{nächstes Jahr}}$ und $p_{\text{dieses Jahr}}$ das Verhältnis der lebenden Tiere (respektive im laufenden und folgenden Jahr) aus einer möglichen maximalen Zahl – ein Beispiel für eine **Differenzengleichung**, bei der die bei jedem Schritt gemessene Menge abhängig ist von der vorhergehenden Menge und das oben erwähnte Verhalten aufweist. Wenn $p_{\text{dieses Jahr}}$ weniger als die Hälfte beträgt, dann gibt es Raum für Zuwachs und $p_{\text{nächstes Jahr}}$ wird größer sein. Wenn $p_{\text{dieses Jahr}}$ größer als die Hälfte ist, dann gibt es zu viele Tiere, und $p_{\text{nächstes Jahr}}$ wird kleiner sein. Wenn $p_{\text{dieses Jahr}}$ genau die Hälfte beträgt, wird die Polpulation gleich bleiben.

Der Biologe Robert May verwendete als erster Gleichungen wie diese, um die Entwicklung der Bevölkerung in den 1970ern darzustellen.

Das vereinfachte Modell beschreibt in keiner Weise alle Tierpolpulationen. Es ist jedoch ein interessantes Beispiel eines **deterministischen dynamischen Systems**. Ausgehend von jeder Anfangspopulation kann man theoretisch immer wieder die Bevölkerungsgrößen in zukünftigen Jahren bestimmen.

Der Graph entspricht der Gleichung auf der gegenüberliegenden Seite: $y = 2x(1-x)$.

Wie viele Zebras wird es im nächsten Jahr geben? Die Gleichung in unserem Beispiel ist eine logistische. Im Allgemeinen schreibt man logistische Gleichungen in der Form $y = rx(1 - x)$, wobei r eine reelle Zahl ist.

8.2 Attraktoren

Das demografische Modell im Unterkapitel 8.1 hat eine interessante Eigenschaft: Die Größe einer Population wird nach einigen Jahren immer denselben Wert ergeben.

Mit welchem Anfangsverhältnis (außer 0 und 1) einer Population man auch immer beginnt, nach einigen Anwendungen der Gleichung aus Unterkapitel 8.1 wird das Populationsverhältnis nahe „½" sein und dem immer mehr zustreben, je öfter die Operation durchgeführt wird. Somit ist „½" in diesem Falle ein **Attraktor** des Systems.

Viele dynamische Systeme haben Attraktoren. Das Bild auf der rechten Seite zeigt den **Lorenz-Attraktor**. Er entsteht aus einer Menge an Gleichungen, die Punkte durch den dreidimensionalen Raum bewegen und dabei komplexe Raumkurven schaffen. Der Lorenz-Attraktor ist berühmt für seine zarte, schmetterlingsartige Form. Eigentlich hat der Attraktor die komplexe Struktur eines **Fraktals** (siehe Unterkapitel 10.3). Der Mathematiker und Meteorologe Edward Lorenz entwickelte das System in den 1960er Jahren, um das Verhalten der Erdatmosphäre zu verstehen.

Es ist nützlich, innerhalb eines dynamischen Systems Attraktoren zu finden, denn ihre Präsenz bedeutet, dass man das langfristige Verhalten eines Systems abschätzen kann (zum Beispiel, bei welcher Größe sich eine Population einpendeln wird) – zumindest für die Anfangswerte, die auf diesen Attraktor zustreben.

Edward Lorenz machte den Begriff „Schmetterlingseffekt" populär. Er beschrieb damit das mathematische Chaos (siehe Unterkapitel 8.4).

Attraktoren, die eine fraktale Struktur aufweisen – wie der oben abgebildete – nennt man seltsame Attraktoren.

8.3 Periodizität

Sogar komplizierte dynamische Systeme können in regelmäßige Muster zerfallen.

Wie alle Amateure des Billardspiels wissen, ist die Laufbahn einer Billardkugel auf dem Tisch etwas ziemlich Kompliziertes. Wenn man jedoch die Kugel auf der einen Seite des Tisches so stößt, dass sie im rechten Winkel auf die Bande trifft (wobei man die Taschen vermeiden sollte), entsteht eine sehr gut vorhersagbare Laufbahn: Die Kugel wird sich zwischen den gegenüberliegenden Banden hin und her bewegen und dabei immer denselben Weg verfolgen. In einer Idealsituation ohne Masse oder Reibung, die den Lauf der Kugel hemmen, würde das ewig so weiter gehen.

Das ist ein Beispiel von **Periodizität**: Ein dynamisches System fällt in ein regelmäßiges Muster und bleibt darin für immer gefangen. Periodisches Verhalten tritt in vielen dynamischen Systemen auf. Tierpopulationen können zwischen zwei oder mehr Werten schwanken, die Planeten werden den immer gleichen Weg um die Sonne zurücklegen und eine Sinuskurve wird immer wieder dieselbe wellenförmige Form nachzeichnen.

Das Zu- und Abnehmen des Mondes ist ein Beispiel von periodischem Verhalten.

Periodisches Verhalten kann *stabil* sein – bringt man das System durch eine leichte Abweichung von seinem periodischen Pfad ab, wird es sich bald wieder dort einpendeln. Periodisches Verhalten kann jedoch auch instabil sein, wie ein auf der Spitze balancierender Bleistift, den schon die kleinste Veränderung aus der Bahn bringen wird.

Bewegungsverlauf von Billardkugeln

Der vorhersagbare Bewegungsverlauf einer Billardkugel, die an einer der Seiten des Billardtisches gestoßen wurde.

8.4 Der Schmetterlingseffekt

Mit dem Schlagen eines Schmetterlingflügels in Brasilien in Texas einen Tornado auslösen?

Diese Frage stellte Edward Lorenz (1917–2008) in seiner berühmten Arbeit 1972 zur Einführung des **Schmetterlingseffektes**. Seine Argumentation lautete: „Zwei Wetterlagen, mit einem so geringen Unterschied wie dem Schlag eines Schmetterlingflügels, münden im Allgemeinen nach genügend langer Zeit in Wetterlagen mit so großem Unterschied wie das Auftreten eines Tornados."

Mathematisch ist das als **sensitive Abhängigkeit von Anfangsbedingungen** bekannt. Der Gedanke dahinter ist: Wendet man mathematische Gleichungen, die eine gegebene Situation abbilden, auf zwei verschiedene Mengen von Ausgangswerten an, die nur gering voneinander abweichen, kann das zwei völlig unterschiedliche Resultate ergeben. Lorenz bemerkte das 1961 bei der Wiederholung einer Computersimulation für eine Wetterprognose. Bei der ersten begann er mit dem Ausgangswert 0,506127. Das zweite Mal tippte Lorenz den Wert per Hand ein und rundete ihn auf 0,506 ab. Damals hätte niemand geglaubt, eine so geringe Abweichung werde eine Auswirkung haben. Die völlig unterschiedlichen Prognosen überraschten Lorenz.

Lorenz wählte ursprünglich das Bild einer Möwe, die einen Sturm auslöst, änderte es jedoch in einen Schmetterling, nachdem Philip Merilees den Titel 1972 in einer Zeitung vorschlagen hatte.

Diese Empfindlichkeit gegenüber Anfangsbedingungen ist heute das Kennzeichen des mathematischen Chaos. Es scheint nicht nur in komplexen Gleichungen für Wetterlagen auf, sondern sogar einfache logistische Gleichungen, die wir im Unterkapitel 8.1 vorgestellt haben, können den Schmetterlingseffekt aufweisen.

Das Bild zeigt eine *Julia-Menge*, die aus einem dynamischen System entsteht, das in enger Beziehung zur Kategorie der logistischen Gleichungen steht. Die Dynamiken zeigen den Schmetterlingseffekt an den Außengrenzen der komplexen Form.

8.5 Chaos

Mathematisches Chaos herrscht, wenn „die Gegenwart die Zukunft bestimmt, aber die nahe Gegenwart die Zukunft nicht annähernd bestimmt". (Edward Lorenz)

Sprechen Mathematiker über Chaos in einem dynamischen System, meinen sie meist, dass das System sensitive Abhängigkeiten gegenüber Anfangsbedingungen zeigt (siehe Unterkapitel 8.4). Das heißt, eine winzige Abweichung (zum Beispiel das heutige Wetter) kann zu einem späteren Zeitpunkt zu völlig verschiedenen Ergebnissen führen (das Wetter im darauffolgenden Monat).

Interessant am Chaos ist, dass es auch in völlig **deterministischen Systemen** vorkommen kann – das heißt dort, wo es überhaupt keinen Zufall gibt. Zum Beispiel sollte man, wenn man mit Physik vertraut ist, die Laufbahn einer Billardkugel auf dem Tisch exakt berechnen können (siehe Seite 187). In der realen Welt ist die Kugel jedoch kein idealer Punkt, wie man ihn sich im Physikunterricht vorstellt. In der Praxis kann man die Anfangsbedingungen niemals 100%ig genau festlegen – die Lage der Kugel und die Stärke des Stoßes. Da schon die geringste Ungenauigkeit unverhältnismäßig werden kann, ist es möglich, dass die wirkliche Bahn drastisch von der kalkulierten Bahn abweicht. Sogar ein deterministisches System kann unvorhersehbar sein – selbst perfekte Ordnung kann in Chaos ausarten.

Mathematiker begannen erst 1960, mit dem Aufkommen von Computern, das Chaos voll zu schätzen.

Mathematisches Chaos ist einer der Gründe, warum es so schwierig ist, viele Phänomene des realen Lebens, wie das Wetter oder den Aktienmarkt, vorherzusagen.

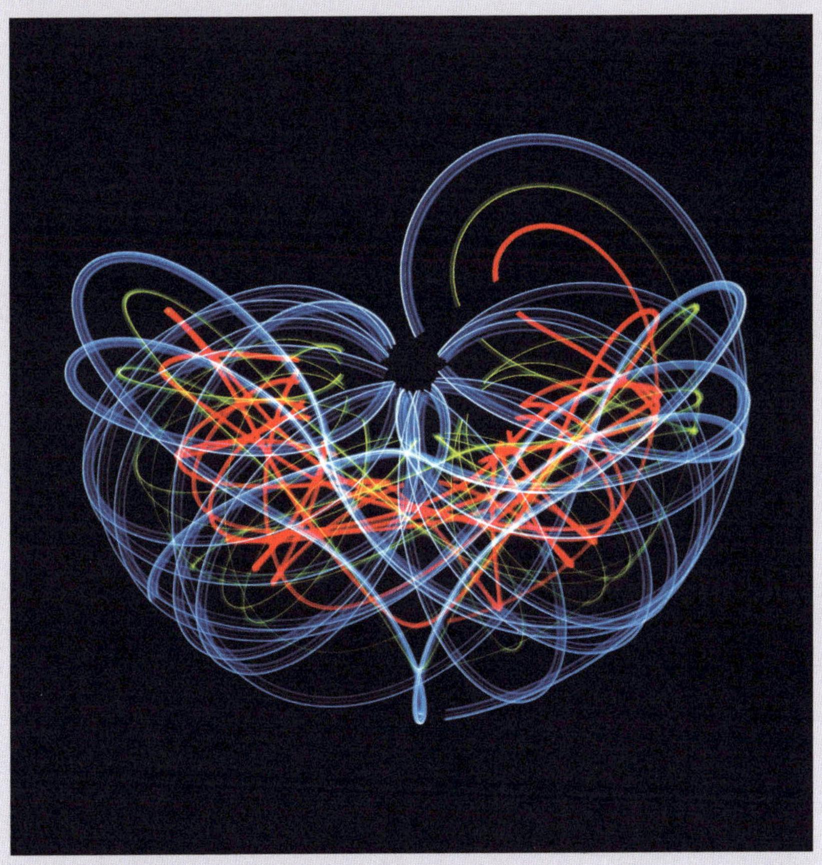

Doppelpendel liefern eine erstaunliche physikalische Darstellung von chaotischem Verhalten – in diesem Bild festgehalten von Michael G. Devereux, indem er LED-Leuchten an den Pendeln anbrachte.

8.6 Wetterprognosen

Zu wissen, ob man morgen einen Regenschirm brauchen wird, setzt die Auseinandersetzung mit dem Chaos voraus.

Unser Wetter ist das Ergebnis von komplizierten Interaktionen der Atmosphäre, den Ozeanen und der Sonnenenergie. Wetterprognosen entstehen aus komplexen mathematischen Modellen, die diese Interaktionen mit den Gesetzen der Thermodynamik und den Navier-Stokes-Gleichungen (siehe Unterkapitel 8.10) beschreiben. Aber diese Wettermodelle sind chaotisch – kleine Abweichungen in den Anfangsbedingungen können in sehr unterschiedlichen Prognosen enden (siehe Unterkapitel 8.4). Das Problem ist sogar noch ausgeprägter, da es schon zu Beginn unmöglich ist, die Anfangsbedingungen für die Ausstattung des Modells genau zu messen, um die Prognose zu beginnen.

Stattdessen starten Meteorologen mit der Messung von Parametern wie Temperatur, Wind und Luftdruck, die an Punkten auf einem dreidimensionalen Raster, das über die Erdöberfläche gespannt wurde, zu messen. Das sind die Ausgangspunkte für das Modell, das das Wetter für eine gewisse Zeitspanne, auch in der Zukunft, simuliert. Um der Empfindlichkeit gegenüber Ausgangsbedingungen zu entgehen, simuliert das Modell das Wetter viele Male, jeweils unter anderen Anfangsbedingungen. Die Gesamtsimulation umfasst die Wahrscheinlichkeit von verschiedenen Prognosen: Wenn 30 % der Simulationen für den nächsten Tag Regen vorhersagen, dann lautet die Prognose für den nächsten Tag: 30 % Aussicht auf Regen.

Die für Wetterprognosen verwendeten Super-Computer können über 16.000 Trillionen Berechnungen pro Sekunde durchführen.

Wetter-Kartierung

Modelle für Wetterprognosen basieren auf einem dreidimensionalen Raster über dem Planeten. Die Abstände des Rasters sind über wichtigen und stark bevölkerten Orten kleiner, überall sonst größer.

8.7 Die Mandelbrot-Menge

Die Mandelbrot-Menge ist eine erstaunliche Struktur. Egal, wie nahe man sie heranzoomt, ihre Ränder erscheinen genauso ausgefranst wie zuvor.

Die Mandelbrot-Menge ist ein Beispiel eines *Fraktals* (siehe Unterkapitel 1.3) und hat große mathematische Bedeutung. Jeder Punkt *p* in der Abbildung auf der gegenüberliegenden Seite repräsentiert eine Gleichung *D*(*p*), die beschreibt, wie sich die Punkte auf der Fläche bewegen. Liegt *p* innerhalb der Mandelbrot-Menge, dann ist die Kurve des Punktes (0,0) unter Iteration (Wiederholung) von *D*(*p*) begrenzt auf ein endliches Gebiet der Fläche. Ist *p* nicht Teil der Mandelbrot-Menge, dann entflieht die Laufbahn des Punktes (0,0) unter Iteration von *D*(*p*) in die Unendlichkeit. Diese einfache Dichotomie definiert die unendlich komplexe Mandelbrot-Menge.

Die dynamischen Systeme *D*(*p*), die innerhalb des schwarzen Hauptfeldes der Mandelbrot-Menge liegen, haben alle einen Fixpunkt, der auch ein Attraktor ist (siehe Unterkapitel 8.2 und 8.3). Dynamische Systeme, die innerhalb der schwarzen Knospe liegen, die an das Hauptfeld angrenzt, haben periodische Attraktoren, die zwischen mehr als einem Wert oszillieren. Mathematiker glauben, dass das für schwarzen Knospen gilt, nicht nur für jene, die an das Hauptfeld angrenzen. Aber niemand konnte das bisher beweisen. Das bleibt eine sehr wichtige offene Frage in der Theorie der dynamischen Systeme.

Die Mandelbrot-Menge ist benannt nach Benoît Mandelbrot (1924–2010), der sie und viele andere Fraktale in den 1970er Jahren entdeckte.

Dynamische Systeme

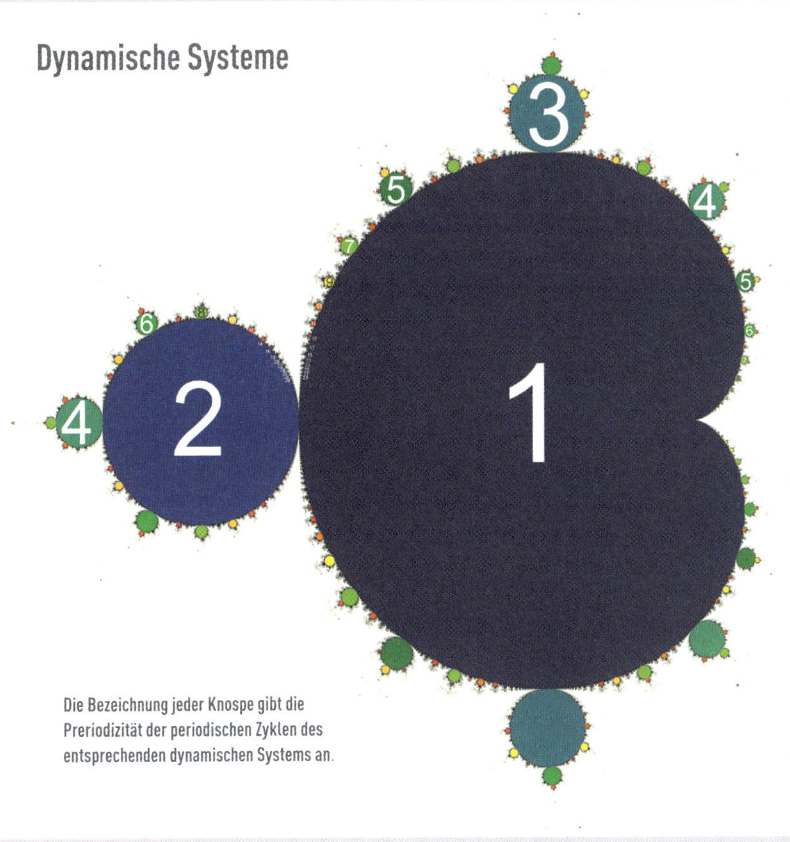

Die Bezeichnung jeder Knospe gibt die Preriodizität der periodischen Zyklen des entsprechenden dynamischen Systems an.

Jeder Punkt in der oben stehenden Abbildung repräsentiert eine komplexe Zahl p, die ihrerseits ein dynamisches System $D(p)$ definiert (siehe Erklärung im Text auf der gegenüberliegenden Seite). Die Mandelbrot-Menge wird definiert durch das Verhalten des dynamischen Systems $D(p)$.

8.8 Das Dreikörperproblem

Als Isaac Newton im 17. Jahrhundert die Erdanziehung beschrieb, hat er unwissentlich auch das erste Beispiel von Chaos behandelt.

Es ist möglich, Newtons Gleichung für zwei große Körper zu lösen (wie die Erde, die um die Sonne kreist), um eine genaue Beschreibung der Bahnen der beiden Körper zu erhalten. Aber sobald man einen dritten Körper einführt, gerät man in Schwierigkeiten.

Der Einfluss der gegenseitigen Anziehung dreier großer Körper schafft Komplikationen – und keine allgemeine Formel kann eine exakte Beschreibung für die Bahnen zu jeder Zeit geben. Tatsächlich kann so ein System von drei Körpern Chaos beinhalten.

Ist jedoch der dritte Körper im Verhältnis zu den beiden anderen so klein, dass die Anziehungskraft auf die beiden anderen vernachlässigbar ist, kann man die Bahn der drei Körper in einigen speziellen Fällen, in denen der dritte, kleinste Körper in einer fixen Position in Bezug auf die beiden größeren Körper bleibt, beschreiben.

Newton sagte, dass eine exakte Lösung für die Bewegung dreier Körper „den menschlichen Verstand bei weitem übersteige".

Die ersten drei Spezialfälle entdeckte der berühmte Mathematiker Leonhard Euler im 18. Jahrhundert. Sie beschreiben die Bahnen eines kleineren Körpers, der an drei Punkten auf einer geraden Verbindungslinie zwischen den beiden größeren Körpern liegt. Fast zur selben Zeit entdeckte Joseph-Louis Lagrange (1736–1813) auch die drei Punkte und zusätzlich noch zwei andere, die den kleineren Körper als dritten Eckpunkt in einem gleichseitigen Dreieck mit den zwei größeren ausweist.

Lagrange-Punkte

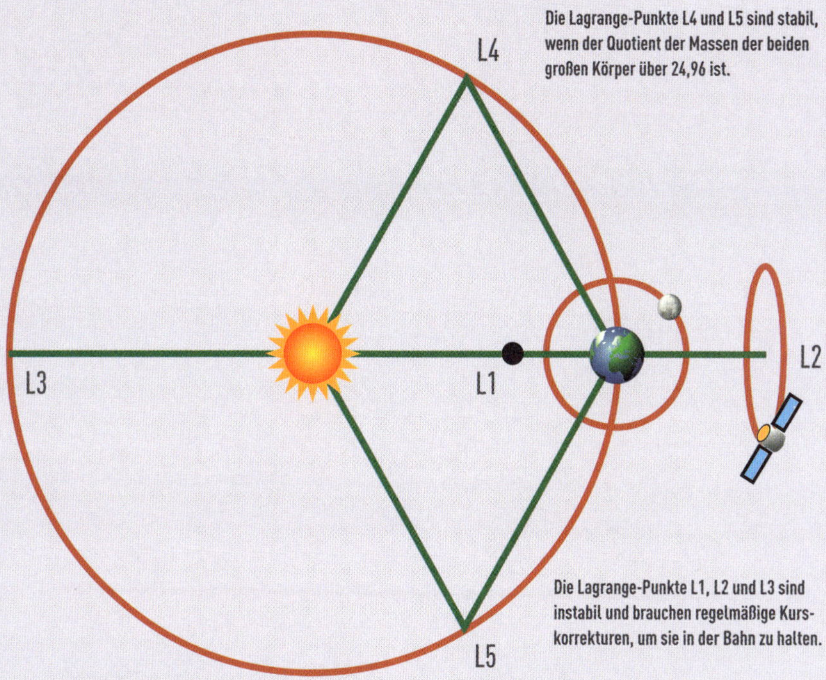
Die Lagrange-Punkte L4 und L5 sind stabil, wenn der Quotient der Massen der beiden großen Körper über 24,96 ist.
L4
L3
L1
L2
L5
Die Lagrange-Punkte L1, L2 und L3 sind instabil und brauchen regelmäßige Kurskorrekturen, um sie in der Bahn zu halten.

Astronomen verwendeten Lagrange-Punkte für Raumsonden. Der Satellit SOHO beobachtet die Sonne von Punkt L1 aus und der Planck-Satellit observierte (bis 2013) den Weltraum von Punkt L2 aus.

8.9 Differentialgleichungen

Wissenschaftliche Beschreibungen der Welt um uns stellen ausnahmslos dar, wie sich Dinge, an denen wir interessiert sind – Geschwindigkeit, Richtung, Kraft, Energie – verändern.

Welche Geschwindigkeit hat ein Ball, den man vom Dach eines Gebäudes fallen lässt, nach zehn Sekunden? Um diese Frage zu beantworten, muss man eine **Differentialgleichung** lösen – etwas, was beschreibt, wie die Veränderung eines Wertes, an dem man interessiert ist, in Bezug auf eine gegebene Variable variiert. In diesem Fall beschreibt die Differentialgleichung, wie die Geschwindigkeit des Balles sich in Bezug auf die Zeit verändert.

Wenn man Komplikationen wie Luftwiderstand beiseite lässt, weiß man, dass die Veränderungsrate der Geschwindigkeit eines fallenden Objektes gleich seiner Beschleunigung aufgrund der Erdanziehungskraft ist: 9,8 m pro Sekunde zum Quadrat. So lautet unsere Differentialgleichung also:

$$v'(t) = 9{,}8$$

– wobei $v'(t)$ die Veränderungsrate der Geschwindigkeit des Objektes in Bezug auf die Zeit ist.

Die Lösung einer Differentialgleichung ist keine Zahl, sondern eine Funktion – in diesem Fall die Funktion $v(t)$, die die Geschwindigkeit eines Objektes zu jeder Zeit t beschreibt. Für einfache Differentialgleichungen wie diese gibt es standardisierte Methoden zur Lösungsfindung. (Die Lösung für unser Beispiel ist $v(t) = 9{,}8t$, also fällt der Ball nach $t = 10$ Sekunden mit einer Geschwindigkeit von 98 m pro Sekunde.) Aber es gibt keine Methode, viele andere, kompliziertere Differentialgleichungen zu lösen.

Newtons Studie über den Bahnverlauf von drei oder mehr Körpern unter dem Einfluss ihrer gegenseitigen Anziehung (siehe Unterkapitel 8.8) war die erste Verwendung von Differentialgleichungen.

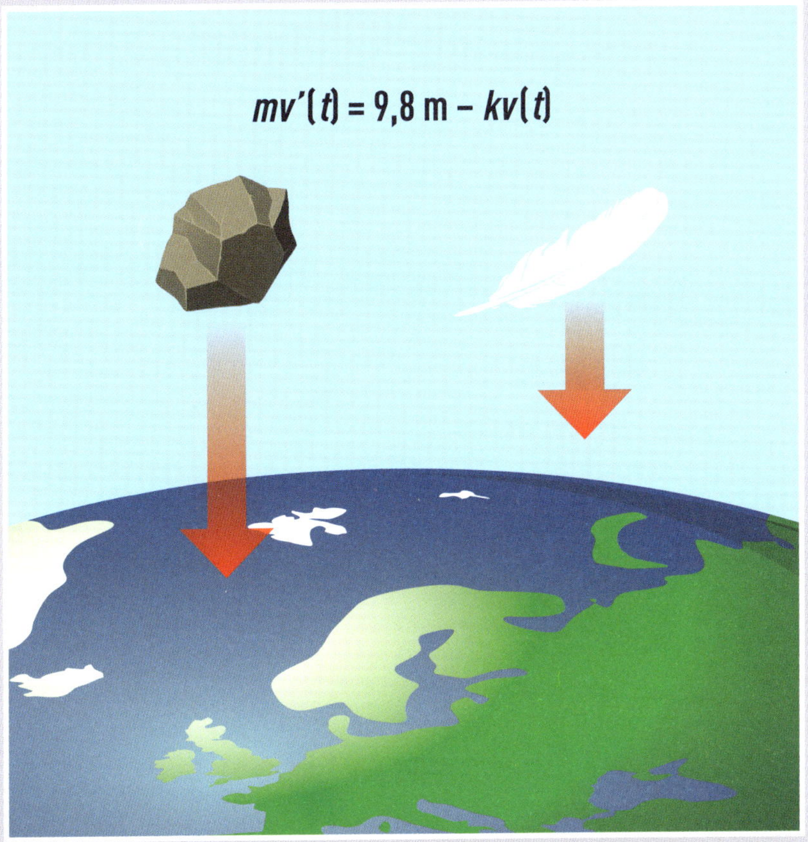

Ein realistischeres Modell eines fallenden Objektes wäre eine Differentialgleichung, die auch Luftwiderstand (Konstante k der Gleichung) und Masse des Objektes (Konstante m) miteinschließt. Das Modell würde erklären, warum nicht alle Objekte mit derselben Geschwindigkeit zu Boden fallen.

8.10 Navier-Stokes-Gleichungen

Man kann Chaos im Wasserlauf eines sprudelnden Baches beobachten.

Lässt man zwei Stöcke nebeneinander in der Nähe des Ufers ins Wasser fallen, nehmen sie völlig unterschiedliche Wege flussabwärts. Das Fließen aller Fluide – turbulent oder ruhig – wird beherrscht von einer Menge an Gleichungen, die man **Navier-Stokes-Gleichungen** nennt. Es sind Differentialgleichungen (siehe Unterkapitel 8.9), die beschreiben, wie die Veränderungen der Geschwindigkeit (gemessen in drei Richtungen), Druck und Viskosität des Fluids zueinander in Beziehung stehen.

Navier-Stokes-Gleichungen sind komplizierter als das Beispiel im vorigen Kapitel. Eine von nur einer Variablen (wie der Zeit) abhängige Differentialgleichung nennt man **gewöhnliche Differentialgleichung**. In Navier-Stokes-Gleichungen ändern sich Geschwindigkeit, Druck und Viskosität in Bezug auf die Zeit und in Bezug auf die Lage im Raum. Von mehr als einer Variablen abhängige Differentialgleichungen nennt man **partielle Differentialgleichungen**.

Antworten auf die Fragen die Navier-Stokes-Gleichungen betreffend wären 1 Million Dollar wert.

Eine Lösung dieser Gleichungen würde bedeuten, man könne für jeden Punkt in Raum und Zeit eine Gleichung für Geschwindigkeit und Druck niederschreiben. Wie für viele komplizierte Differntialgleichungen kennt niemand eine Formel, die eine Lösung für die Navier-Stokes-Gleichungen in ihrer allgemeinen Form wäre. Darüber hinaus weiß man nicht, ob überhaupt eine Lösung existiert – insbesondere eine, die Sinn ergibt, was die von den Gleichungen beschriebene physikalische Realität von Fluiden betrifft.

$$\frac{\partial u}{\partial t} + u\frac{\partial u}{\partial x} + v\,\frac{\partial u}{\partial y} + w\,\frac{\partial u}{\partial z} = -\frac{\partial P}{\partial x} + 1/Re\left(\frac{\partial^2 u}{\partial x^2} + \frac{\partial^2 u}{\partial y^2} + \frac{\partial^2 u}{\partial z^2}\right)$$

$$\frac{\partial v}{\partial t} + u\frac{\partial v}{\partial x} + v\,\frac{\partial v}{\partial y} + w\,\frac{\partial u}{\partial z} = -\frac{\partial P}{\partial y} + 1/Re\left(\frac{\partial^2 v}{\partial x^2} + \frac{\partial^2 v}{\partial y^2} + \frac{\partial^2 v}{\partial z^2}\right)$$

$$\frac{\partial w}{\partial t} + u\frac{\partial w}{\partial x} + v\,\frac{\partial w}{\partial y} + w\,\frac{\partial w}{\partial z} = -\frac{\partial P}{\partial z} + 1/Re\left(\frac{\partial^2 w}{\partial x^2} + \frac{\partial^2 w}{\partial y^2} + \frac{\partial^2 w}{\partial z^2}\right)$$

$$\frac{\partial u}{\partial x} + \frac{\partial v}{\partial y} + \frac{\partial w}{\partial z} = 0$$

Die Navier-Stokes-Gleichungen beschreiben, wie Veränderungen der Geschwindigkeit (gemessen in drei Richtungen *u*, *v* und *w*) in Beziehung stehen zu Veränderungen des Drucks (*P*) und der Viskosität von Flüssigkeit (der Parameter *Re*).

LOGIK

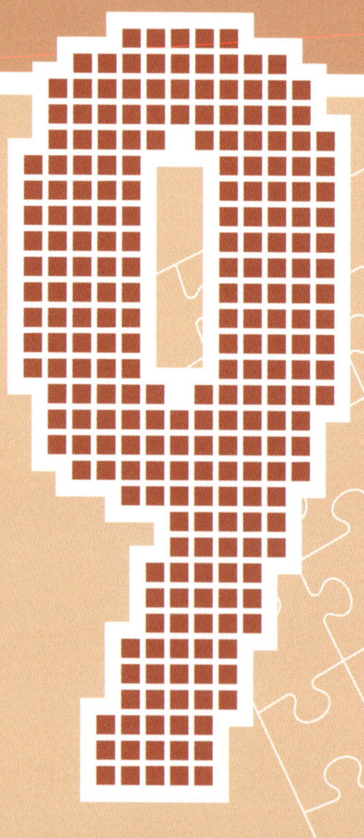

Mathematik ist wahrscheinlich das einzige Gebiet, wo es möglich ist, sich etwas absolut sicher zu sein. Um als gültig angesehen zu werden, muss ein mathematisches Ergebnis unter strengen Auflagen einer Menge von Basis-Axiomen unter Verwendung logischer Grundsätze bewiesen werden. Ist ein Ergebnis einmal bewiesen, weiß man zuverlässig, dass es wahr ist, immer und überall.

In diesem Kapitel untersuchen wir das Konzept der mathematischen Wahrheit. Wir sehen uns die logischen Grundsätze an sowie den Gedanken, dass Mathematik auf einer festen Sammlung von Axiomen beruhen sollte: offensichtliche Wahrheiten, die niemand in Zweifel zieht und die keinen Beweis benötigen. Wir finden heraus, wie man in einer Welt, in der alles entweder wahr oder falsch ist, mit Wahrheitstabellen komplexe Aussagen bewerten kann und wie die zugrundeliegende wahr/falsch-Logik moderne Computer antreibt.

Fortsetzung umseitig

Wir werden auch zwei der wichtigsten Methoden, Dinge zu beweisen, ansehen: den Beweis durch Widerspruch, der annimmt, dass eine zu einem Widerspruch führende Prämisse falsch sein muss; und den Beweis durch Induktion, der es ermöglicht, etwas über unendlich viele, gleichzeitige Aussagen zu beweisen, ohne jede davon einzeln zu durchlaufen. Wir erfahren auch, wie mathematische Beweise – über Jahrtausende das Vorrecht menschlichen Gehirns – heutzutage von Computern ausgeführt werden.

Und gerade wenn Sie denken, dass nun alles unter Dach und Fach ist, stellen wir ein dramatisches Ergebnis vor, das impliziert, dass sogar in der Mathematik die Dinge nicht notwendigerweise wahr oder falsch sind. In gewissen Sinne ist Mathematik Ansichtssache.

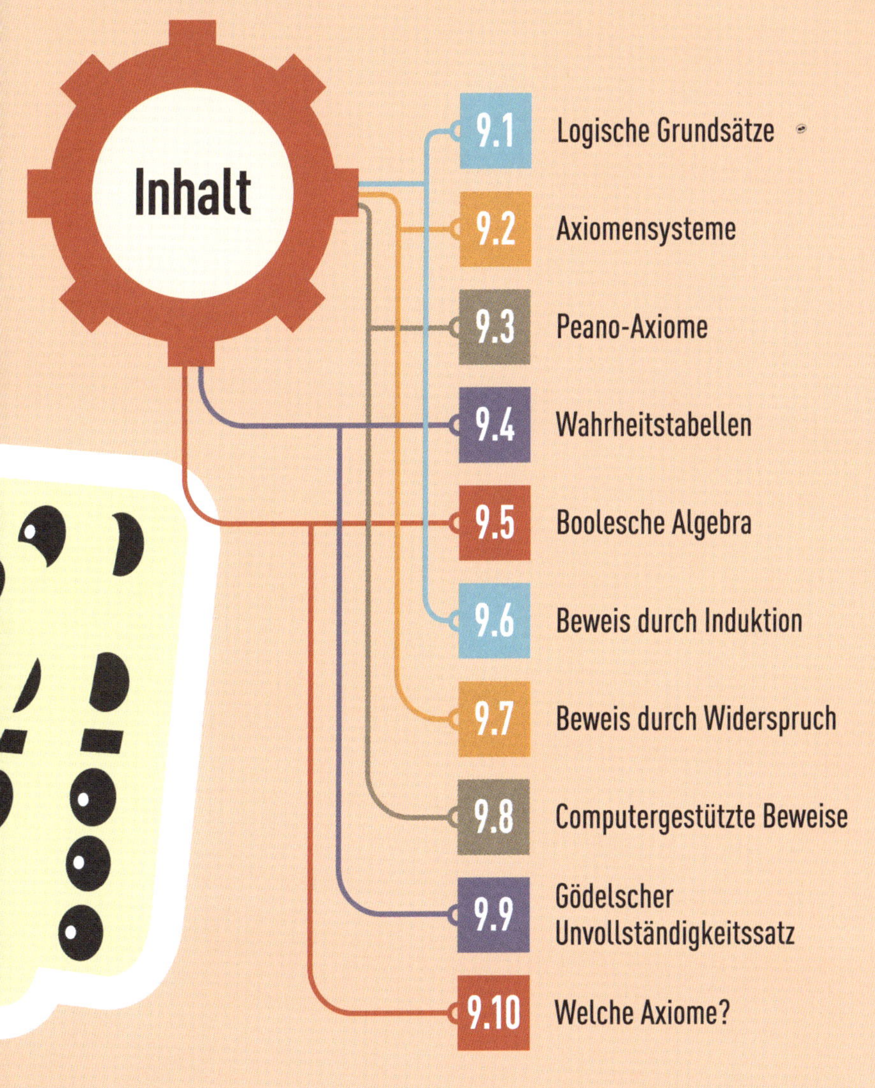
Inhalt

9.1 Logische Grundsätze

Wir alle wissen, dass es schwer sein kann, an der Wahrheit vorbeizukommen, aber gibt es Aussagen, die immer und ganz unzweifelhaft wahr sind?

Philosophen brüteten Jahrtausende über diesen Fragen und formulierten drei Gedanken, die traditionell als Denksätze bekannt sind.

Der erste ist der Satz der Identität und drückt ungefähr aus, dass „jedes Ding ist mit sich selbst identisch" ist.

Der zweite ist der Satz vom Widerspruch und besagt, dass „es unmöglich ist, etwas gleichzeitig zu bejahen und zu verneinen". Etwas ist entweder eine Katze oder ist keine Katze; entweder möchte man eine Tasse Kaffee oder nicht: Dieses Gesetz scheint für die meisten Dinge unbestreitbar wahr zu sein.

Der dritte ist der Satz vom ausgeschlossenen Dritten: „etwas muss entweder sein oder nicht". Während das zweite Gesetz besagt, dass nichts das Gebiet von Sein und Nicht-Sein aufheben kann, so vermittelt das dritte, dass etwas einem dieser beiden Bereiche angehören muss.

Diese Gesetze kann man in **logische Grundsätze** umwandeln. Schreibt man zum Beispiel A für eine Aussage (wie „die Erde ist rund") und NICHT A für ihre Negation („die Erde ist nicht rund"), so impliziert der erste Satz A = A. Der zweite Satz besagt, dass zwei Aussagen A und NICHT A nicht gleichzeitig wahr sein können. Und der dritte vermittelt, dass eine der Aussagen A oder NICHT A wahr sein muss.

Die drei Gesetze gehen auf die alten Griechen zurück, aber das hindert Philosophen nicht daran, auch heute noch darüber zu streiten.

Dieser Teil des Freskos *Die Schule von Athen* von Raffael zeigt Platon (links) und Aristoteles (rechts), die beide eine wichtige Rolle bei der Entwicklung der Denksätze spielten.

9.2 Axiomensysteme

Idealerweise sollte sich die Mathematik auf eine Anzahl von Axiomen reduzieren – offensichtliche Wahrheiten, die als Ausgangspunkt dienen, um alle anderen mathematischen Fakten logisch davon abzuleiten.

Euklids Axiome für die Geometrie einer Fläche (siehe Unterkapitel 2.6) führte alle grundlegenden Konstruktionen auf einer Fläche an, die mit Zirkel und Lineal möglich sind. Jede Euklidische Geometrie kann auf Konstruktionen, die auf diesen fundamentalen **Axiomen** beruhen, reduziert werden.

Wie wir aber gesehen haben, sind die Euklidischen Axiome nicht so sehr fundamentale Wahrheiten, sondern eher fundamentale Bedingungen: das fünfte Axiom kann dazu dienen, neue Geometrien zu schaffen. Sphärische und hyperbolische bauen auf die ersten vier Axiome auf, aber das fünfte Axiom ist unterschiedlich.

Das macht die Eigenschaften von praktischen **Axiomensystemen** sichtbar. Man kann die Axiome ohne Beweis oder Demonstration akzeptieren. Kein Axiom kann von irgendeiner Kombination der anderen abgeleitet werden. Sie müssen folgerichtig und widerspruchsfrei sein. Sie müssen auch die kleinstmögliche Menge darstellen und trotzdem ein interessantes mathemathisches System entwickeln.

So ein Axiomensystem ist wichtig, da es die Verwendung der logischen Grundsätze erlaubt, um Ergebnisse zu beweisen, von denen man weiß, dass sie für dieses System wahr sind. Es schließt versteckte Vermutungen und Fehler in der Argumentation aus.

Axiome enthüllen auch Leiteigenschaften von Objekten in unserem System.

Axiome des Origami

Mathematiker überlegten sich sieben Axiome, um die möglichen Arten zu beschreiben, wie man ein Origami unter Verwendung von geraden Kanten falten kann. Diese sind sogar stärker, als die Axiome Euklids.

9.3 Peano-Axiome

Um zu sehen, wie Axiomensysteme funktionieren, betrachte man das grundlegende Beispiel der natürlichen Zahlen und ihre Arithmetik.

Angenommen, Sie sind ein Alien ohne Vorstellung von natürlichen Zahlen. Nun stellt man folgende Regeln auf:

- 0 ist eine natürliche Zahl.
- Jede natürliche Zahl hat einen Nachfolger.
- 0 ist kein Nachfolger für eine natürliche Zahl.
- Bestimmte natürliche Zahlen haben bestimmte Nachfolger.

Die vier Axiome definieren alle natürlichen Zahlen: 1 ist Nachfolger von 0; 2 Nachfolger von 1, etc. Axiome legen auch die Addition fest: 7 + 2 heißt, „man nehme die Zahl 7 und steige zwei Stufen auf der Liste der Nachfolger auf". Ausgehend von der Addition kommt man zur Multiplikation (wiederholte Addition). Davon kann man Subtraktion und Division (soweit möglich innerhalb der natürlichen Zahlen) als umgekehrte Addition und Multiplikation ableiten. Somit haben diese Axiome die Macht, die natürlichen Zahlen und ihre Arithmetik zu definieren.

Der italienische Mathematiker Giuseppe Peano (1858-1932) formulierte 1889 die Axiome. Er erfasste auch ein fünftes: *Angenommen, eine Eigenschaft gilt für 0, und man kann diese Eigenschaft für eine andere natürliche Zahl beweisen, dann gilt sie auch für den Nachfolger dieser Zahl. Somit gilt sie für alle natürlichen Zahlen.* Das Axiom ermöglicht den Beweis für alle natürlichen Zahlen, auch wenn es unendlich viele gibt, durch Induktion (siehe Unterkapitel 9.6)

6

Viele Fakten über die natürlichen Zahlen und ihre Arithmetik können von den Peano-Axiomen abgeleitet werden.

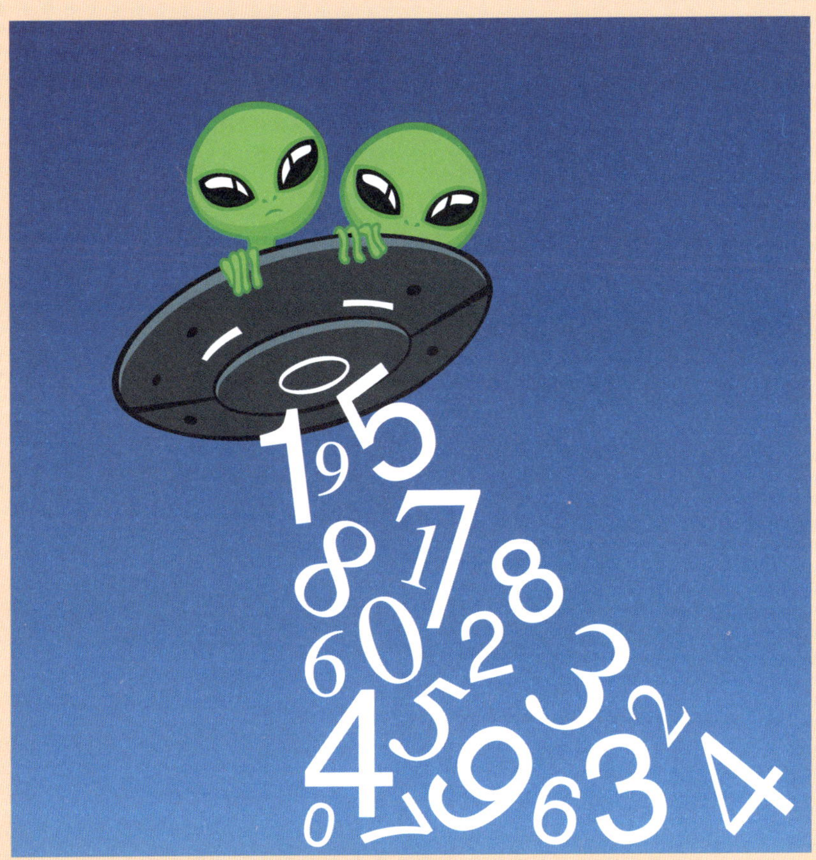

Peano-Axiome ermöglichen es Aliens, die keine Vorstellung von natürlichen Zahlen haben, Summen zu erstellen und ihnen innewohnende Wahrheiten zu beweisen.

9.4 Wahrheitstabellen

Die drei einfachen Worte NICHT, ODER und UND reichen aus, um ein ganzes logisches System zu erstellen.

Ist eine Aussage A wahr (zum Beispiel „Ich möchte eine Tasse Kaffee"), dann ist die Negation dieser Aussage NICHT A („Ich möchte keine Tasse Kaffee") falsch. Umgekehrt, ist A falsch, dann ist NICHT A wahr. Man kann den Effekt der NICHT-Operation in einer **Wahrheitstabelle** (siehe Tabelle 1 auf der gegenüber liegenden Seite) zusammenfassen.

Man kann auch zwei logische Aussagen zu einer dritten, zusammengesetzten Aussage kombinieren. Wenn man weiß, dass eine Aussage A wahr ist (wie das obige Bedürfnis nach Kaffee), dann weiß man, dass die Aussage A ODER B wahr ist, egal wie die Aussage B lautet. Zum Beispiel ist die Aussage „(Ich möchte Kaffee) ODER (Ich möchte Kuchen)" immer wahr, wenn man Kaffee möchte. Es gibt nur eine einzige Möglichkeit, dass eine ODER-Aussage falsch ist, und zwar, wenn beide Komponenten A und B falsch sind (siehe Tabelle 2).

Die andere zusammengesetzte Aussage verwendet UND als Verknüpfung. Damit eine UND-Aussage wahr ist, müssen beide Komponenten A und B wahr sein (siehe Tabelle 3).

Und mit diesen drei einfachen Operationen – NICHT, UND und ODER – kann man viele komplizierte Aussagen machen und mit Wahrheitstabellen herausfinden, ob sie wahr oder falsch sind.

Moderne Computerwissenschaft beruht auf dieser binären Logik, in der jede Aussage entweder wahr oder falsch ist.

Kaffee und Kuchen-Wahrheitstabellen

Tabelle 1: NICHT

A	NICHT A
WAHR	FALSCH
FALSCH	WAHR

Tabelle 2: ODER

A	B	A ODER B
WAHR	WAHR	WAHR
WAHR	FALSCH	WAHR
FALSCH	WAHR	WAHR
FALSCH	FALSCH	FALSCH

Tabelle 3: UND

A	B	A UND B
WAHR	WAHR	WAHR
WAHR	FALSCH	FALSCH
FALSCH	WAHR	FALSCH
FALSCH	FALSCH	FALSCH

Wahrheitstabellen können aufzeigen, ob zusammengesetzte Aussagen wie ich möchte Kaffee (A) ODER ich möchte Kuchen (B), wahr oder falsch sind. So organisiert man den Morgenkaffee leichter.

9.5 Boolesche Algebra

Zwei Mathematiker, durch Jahrhunderte getrennt, schufen die Sprache, auf die sich Computer und unsere heutige digitale Welt stützen.

1854 machte George Boole (1815–64) den enormen Sprung von logischen Aussagen und Operatoren wie UND, ODER und NICHT (siehe Unterkapitel 9.4) zu einer neuen Art von Algebra. Die Variablen dieser **Booleschen Algebra** haben den Wert 0, wenn sie falsch, 1 wenn sie wahr sind:

ODER schreibt man mit einer neuen Art von Addition: die Regeln sind $0 + 0 = 0$, $0 + 1 = 1 + 0 = 1 + 1 = 1$.

UND schreibt man mit einer neuen Art von Multiplikation: $0 \times 0 = 1 \times 0 = 0 \times 1 = 0$, $1 \times 1 = 1$.

NICHT tauscht den Wert der Variablen: ist $P = 1$, dann ist NICHT P (geschrieben P') gleich 0 und umgekehrt. Schreibt man diese logischen Vorgänge als Algebra, erlaubt das sehr komplizierte Aussagen in wenigen Zeilen zu lösen – sonst müsste man diese mühsam mit zahlreichen Wahrheitstabellen durcharbeiten.

Claude Shannon (1916–2001) machte in den 1930er Jahren den nächsten großen Sprung. Er erkannte, dass man die komplizierten Schaltungen bei Telephongesprächen als physikalische Verkörperung der Booleschen Algebra sehen könne. Die Schaltungen konnten zwei Werte annehmen: entweder geschlossen (mit einem Wert von 1), oder offen (mit einem Wert von 0). Die Anordnung der Schalter arbeitete in der selben Weise wie die Operatoren ODER, UND und NICHT bei Addition, Multiplikation und Negation in der Booleschen Algebra.

Shannon bemerkte, dass jede Information durch eine Serie von „bits", mit den Werten 0 oder 1 repräsentiert werden kann.

Vereinfachung von Schaltungen

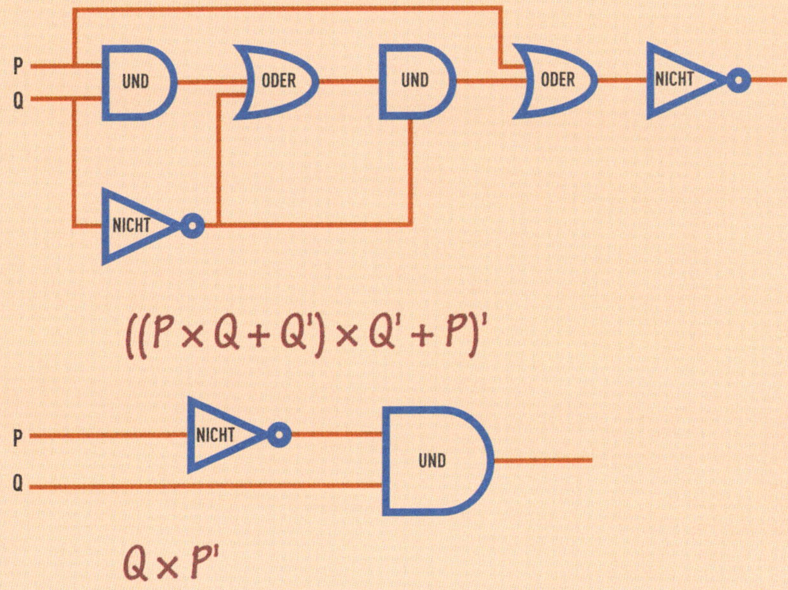

Man kann mit Boolescher Algebra beweisen, dass komplizierte Schaltungen, die dem Ausdruck $((P \times Q + Q') \times Q' + P)'$ entsprechen, zu viel simpleren Schaltungen vereinfacht werden können, die man als $Q \times P'$ ausdrückt.

9.6 Beweis durch Induktion

Wie beweist man, dass etwas für alle natürlichen Zahlen wahr ist, obwohl es unendlich viele davon gibt?

Man denke sich den **Beweis durch Induktion** als eine Reihe von Dominosteinen, bereit zum Umfallen. Angenommen, man will beweisen, dass die Summe der natürlichen Zahlen von 1 bis n gleich ist $\frac{n(n+1)}{2}$.

Für den ersten Dominostein ist es wahr: wenn $n = 1$ ist, dann ist die Summe 1, und der Wert von:

$$\frac{n(n+1)}{2} = 1 \times \frac{(1+1)}{2} = 1.$$

Ist die Wahrheit der Aussage am Anfang der natürlichen Zahlen festgestellt, muss man nur mehr die Dominosteine aufstellen. Ein Stein kann den nächsten umwerfen; wenn die Aussage für einige Zahlen wahr ist, dann impliziert n, dass die Aussage auch für $n + 1$ wahr ist. Zum Beispiel ergibt die Annahme, dass die Aussage für n wahr ist:

$$(1 + \ldots + n) + (n+1) = \frac{(n(n+1))}{2} + (n+1).$$

Durch Umordnung zeigt man, dass auch $n + 1$ wahr ist:

$$1 + \ldots + n + n + 1 = \frac{(n+1)(n+2)}{2}$$

Ist die Aussage für den n-ten Dominostein wahr, ist sie auch für den $(n + 1)$-ten wahr. Somit weiß man, dass das Umfallen des ersten Dominosteines das Umfallen des Nächsten bewirkt und beweist damit, dass es für alle natürlichen Zahlen gilt.

Der alte griechische Gelehrte Platon war einer der ersten, der 370 v.Chr. den Beweis durch Induktion in seinem Werk *Parmenides* verwendete.

Ein Beweis durch Induktion verhält sich ähnlich wie eine Reihe von Dominosteinen, die so aufgestellt wurden, dass jeder Stein den nächsten umwirft.

9.7 Beweis durch Widerspruch

Enthält eine gegebene Vermutung einen Widerspruch, muss die Vermutung selbst falsch sein.

Betrachten wir den Beweis, dass unendlich viele Primzahlen existieren. Beginnen wir mit der Vermutung, das Gegenteil sei wahr: es gäbe endlich viele Primzahlen. Dann können wir sie nacheinander auflisten und sie als p_1, p_2, p_3, etc. benennen, bis zur (angenommenen) größten Primzahl p_n. Nun betrachten wir die Zahl E, die man durch Multiplikation all dieser Primzahlen + 1 erhält:

$$E = p_1 \times p_2 \times p_3 \times \ldots \times p_n + 1.$$

Die Zahl E ist größer, als alle Primzahlen der Liste, und da die Liste alle existierenden Primzahlen umfasst, bedeutet das, dass E selbst keine Primzahl sein kann, da wir den fundamentalen Grundsatz der Arithmetik (siehe Unterkapitel 1.5) kennen, der besagt, dass E das **Produkt** von Primzahlen ist. Das bedeutet, dass jeder Primfaktor von E auch eine der Primzahlen auf unserer Liste sein müsste, weil die Liste ja alle existierenden Primzahlen enthält. Doch aus der oben stehenden Formel erkennen wir, dass die Division von E durch jede Primzahl auf der Liste einen Rest von 1 ergibt. Somit enthält unsere Liste nicht alle Primzahlen. Das ist ein Widerspruch.

Unsere Vermutung, es gäbe nur eine endliche Zahl von Primzahlen muss demnach falsch sein. Daraus folgt, dass unendlich viele Primzahlen existieren.

Der alte griechische Mathematiker Euklid formulierte diesen Beweis um 300 v.Chr.

Der ausgeschlossene Dritte

Der Beweis durch Widerspruch (auch bekannt als *reductio ad absurdum*) beruht auf dem Satz vom ausgeschlossenen Dritten (siehe Unterkapitel 9.1), das besagt, wenn etwas falsch ist, muss sein Gegenteil wahr sein.

9.8 Computergestützte Beweise

Ist ein mathematischer Beweis immer noch gültig, auch wenn er sich in einem Computer-Gehirn befindet statt im Gehirn eines menschlichen Wesens?

Jahrtausende lang glaubte man, einen mathematischen Beweis nur durch eine Ableitung mithilfe einer Reihe logischer Schritte durch die Axiome, die das zu untersuchende System beschreiben, zu erhalten. Das kann zu Beweisen von extremer Länge führen (wie die **Klassifikation endlicher einfacher Gruppen** aus Unterkapitel 7.10 und der Beweis des Großen Fermatschen Satzes durch Andrew Wiles aus Unterkapitel 3.10), aber ein Mensch könnte theoretisch den Beweis vom Anfang bis zum Ende verstehen.

Eine Herausforderung für diese Ansicht eines Beweises stellte sich 1976, als Kenneth Appel (1932–2013) und Wolfgang Haken (geb. 1928) den Vier-Farben-Satz (dass man jede Landkarte so einfärben könne, dass kein angrenzendes Land von derselben Farbe wäre). Der traditionelle Teil des Beweises reduzierte das Problem zu einer großen Anzahl an Spezialfällen, man verließ sich aber dann auf die rohe Gewalt des Computers, um jeden dieser Fälle zu überprüfen. Damals behaupteten viele Mathematiker, das sei überhaupt kein Beweis. Obwohl jeder Schritt des Computers nachvollziehbar war, konnte ein Mensch unmöglich jede Rechnung des Computers überprüfen – sonst hätte man den Computer ja gar nicht gebraucht.

Computer-Beweise behandelt man heute ähnlich wie Experimente – sie werden akzeptiert, wenn sie verifiziert und ihre Ergebnisse abgeglichen wurden.

Heute kann kein Mathematiker Computerbeweise ignorieren, da man Beweise anderer mathematischer Ergebnisse entdeckte, die ebenfalls auf Computern beruhen.

1998 verwendete Thomas Hales einen Computer, um die 1609 von Kepler aufgestellte Vermutung zu beweisen, dass die Art eines Gemüsehändlers, Orangen zu stapeln, die effizienteste ist.

9.9 Gödelscher Unvollständigkeitssatz

In der Mathematik ist alles entweder wahr oder falsch . . . oder nicht?

Im Wandel der Zeiten war Mathematik immer ein Durcheinander von Gebieten: Geometrie, Algebra, Infinitesimalrechnung, etc. Deshalb beschlossen Mathematiker im 20. Jahrhundert, dass man aufräumen müsse. Ihr Ziel war, jede Form der Mathematik über eine bestimmte Menge an Axiomen zu definieren und zu zeigen, dass Widersprüche nicht existieren.

In den 1930er Jahren jedoch, ließ der österreichische Mathematiker Kurt Gödel (1906–78) eine Bombe platzen, die den Axiomen-Traum zunichte machte. Man stelle sich vor, so ein formelles Axiomensystem existiere, das alle natürlichen Zahlen und ihre Arithmetik enthält. Dann, so bewies Gödel, wird es immer Aussagen geben, die man über diese Zahlen innerhalb des Systems **formulieren** kann, aber man kann durch ihre Axiome nicht beweisen, ob sie wahr oder falsch sind.

Trifft man auf so eine **unentscheidbare Aussage** innerhalb eines formalen Systems und glaubt, sie müsse wahr sein, kann man sie auch als wahr dekretieren und das Dekret den Axiomen zuzählen. Doch der **Gödelsche Unvollständigkeitssatz** impliziert, dass dies entweder einen Widerspruch hervorrufen oder eine unentscheidbare Aussage bleiben wird. Egal, wie klug man ein Axiom wählt, es wird immer unentscheidbare Aussagen geben. Also adieu dem schönen Begriff der definitiven mathematischen Wahrheit.

Von Mathematikern gefundene, unentscheidbare Aussagen haben keine Auswirkung auf die alltägliche Mathematik.

Kurt Gödel war ein guter Freund Albert Einsteins. Später in seinem Leben arbeitete er an Einsteins Relativitätstheorie und zeigte, dass theoretisch Universen existieren könnten, in denen eine Reise in die Vergangenheit möglich wäre.

9.10 Welche Axiome?

Wenn jede Menge von Axiomen unentscheidbare Aussagen hervorbringt, auf welcher Axiomenmenge sollte die Mathematik dann beruhen?

Das ist eine gute Frage. Am Beginn des 20. Jahrhunderts entdeckten Mathematiker, vor allem der britische Polymathematiker Bertrand Russell (1872–1970), dass man alle mathematischen Elemente als Sammlung von „Dingen" beschreiben kann – solche Sammlungen nennt man Mengen. Sie versuchten deshalb, die Axiome der Mathematik in Form einer **Mengenlehre** aufzustellen. Das bedeutete eine enorme Anstrengung und gipfelte in Russells dreibändigem Werk *Principia Mathematica*, gemeinsam mit Alfred North Whitehead (1861–1947) geschrieben und zwischen 1910 und 1913 veröffentlicht. Der in *Principia* entwickelte Aufbau ist so umständlich, dass 1 + 1 = 2 nicht bis zum zweiten Band bewiesen werden kann. Russell und Whitehead kommentierten dieses besondere Ergebnis: „Oben stehender Lehrsatz ist bisweilen nützlich."

Ein System, das auf den sogenannten ZFC-Axiomen basiert, genannt nach Ernst Zermelo (1871–1953) und Abraham Fraenkel (1891–1965) und einer speziellen Regel, die man **Auswahlaxiom** nennt, ersetzte das System von Russell und Whitehead. Um Grundlagen der Mathematik bemühte Wissenschafter stimmen weitgehend überein, dass ZFC-Axiome wegweisend sind. Aufgrund der Ergebnisse Gödels (siehe Unterkapitel 9.9), bleiben unentscheidbare Aussagen innerhalb des ZFC-Systems bestehen, aber Mathematiker bemühen sich um weitere Axiome, um wenigstens die dringlichsten Probleme zu lösen.

Die meisten arbeitenden Mathematiker kümmern sich nicht um diese grundlegenden Probleme, oder vielleicht nur sonntags.

Unentscheidbare Aussagen kann man nicht verhindern. Es ist wie bei einem großen Puzzle, das nie ganz aufgeht. Zu guter Letzt muss man sein eigenes Axiomensystem entwickeln.

UNENDLICHKEIT

Am Anfang scheint Unendlichkeit unverständlich, doch das schreckte Mathematiker noch nie ab. Seit Jahrtausenden untersuchen sie die Unendlichkeit und finden anschauliche Wege, um dieses schwer zu fassende, mathematische Konzept in den Griff zu bekommen.

Tatsächlich gibt es viele verschiedene Arten von Unendlichkeit. Philosophen unterscheiden zwischen potentiellen – ein nie erreichbares Ziel eines Prozesses, wie die größte denkbare natürliche Zahl – und aktualen Unendlichkeiten in der realen Welt. Normalerweise zeigt die Vorhersage einer Unendlichkeit in einer wissenschaftlichen Theorie, die die reale Welt beschreibt, den Punkt auf, an dem diese zusammenbricht. Aber es gibt Orte, wie schwarze Löcher, wo manche Wissenschafter glauben, die Unendlichkeit in der Natur existiere tatsächlich. Der vielleicht einzige Ort, an dem man das effektive Bild der Unendlichkeit beobachten kann, sind die sich unendlich wiederholenden Bilder von Fraktalen.

Fortsetzung umseitig

Mathematiker haben aber auch konkretere Fragen. Zum Beispiel: Wie groß ist die Unendlichkeit? In diesem Kapitel zeigen wir einen klugen Weg, Elemente von unendlichen Mengen paarweise anzuordnen, um die Größen der Unendlichkeiten untereinander zu vergleichen. Wir erfahren, wie diese bemerkenswert überschaubare Argumentation beweist, dass zwei uns vertraute Unendlichkeiten – die natürlichen und die reellen Zahlen – nicht gleich groß sind.

Eine der großen Herausforderungen der Mathematik, die Kontinuumshypothese, fragt, ob unterschiedlich große Unendlichkeiten zwischen den natürlichen und den reellen Zahlen existieren. Mit dem aktuellen mathematischen Rahmenwerk ist es nicht möglich, diese Frage zu beantworten – wir benötigen für die Beantwortung ein noch tieferes Verständnis für Mathematik.

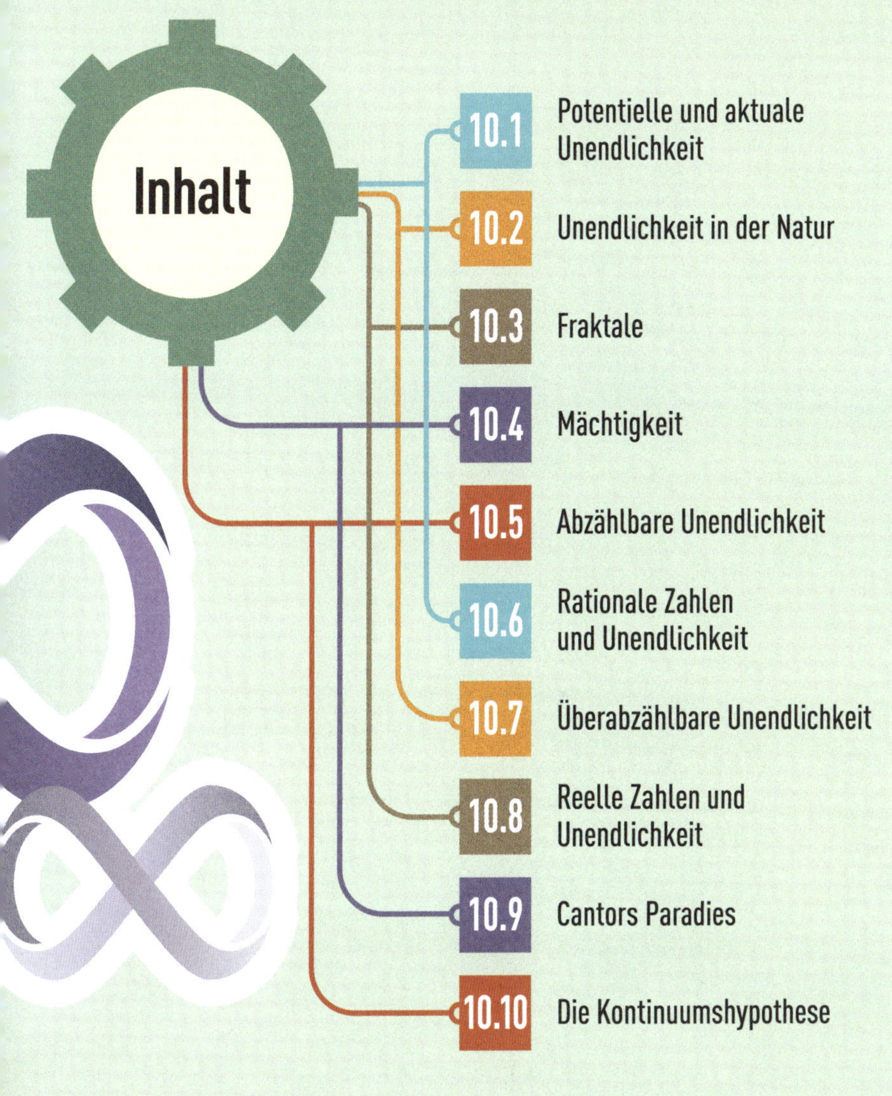
Inhalt
10.1 Potentielle und aktuale Unendlichkeit
10.2 Unendlichkeit in der Natur
10.3 Fraktale
10.4 Mächtigkeit
10.5 Abzählbare Unendlichkeit
10.6 Rationale Zahlen und Unendlichkeit
10.7 Überabzählbare Unendlichkeit
10.8 Reelle Zahlen und Unendlichkeit
10.9 Cantors Paradies
10.10 Die Kontinuumshypothese

10.1 Potentielle und aktuale Unendlichkeit

Der griechische Mathematiker und Philosoph Aristoteles unterschied zwischen zwei Arten von Unendlichkeit: einer potentiellen und einer aktualen Unendlichkeit.

Wir alle haben ein intuitives Gespür für Unendlichkeit: etwas, das mit Dingen in Verbindung steht, die nie aufhören. Ein Beispiel ist die unendliche Ausdehnung des Weltraums. Egal, wie lange man reist, man wird nie an sein Ende kommen. Ein anderes Beispiel ist die nicht-endende Reihe der natürlichen Zahlen 1, 2, 3, 4 etc. Man kann immerzu weiterzählen, man wird nie an ein Ende kommen. In diesen Beispielen begegnet man der Unendlichkeit nicht, sondern sie lauert am Ende von etwas, das kein Ende hat. Diese Art nennt man **potentielle Unendlichkeit**.

Jedes Ding, das eine potentielle Unendlichkeit bildet – zum Beispiel jede Zahl oder jeder Punkt im Raum – ist für sich selbst endlich. Aristoteles beschrieb das sehr schön in seinem Werk *Physik*:

„Überhaupt existiert das Unendliche nur in dem Sinne, dass immer ein anderes und wieder ein Anderes genommen wird, das eben Genommene aber immer ein Endliches, jedoch immer ein Verschiedenes und wieder ein Verschiedenes ist."

Im Vergleich dazu kann man einer **aktualen Unendlichkeit** begegnen (sollte sie existieren). Würde zum Beispiel der Wert von etwas – sagen wir der Dichte der Materie innerhalb eines schwarzen Loches – an einem bestimmten Punkt im Raum und Zeit unendlich, dann bestünde eine aktuale Unendlichkeit.

Aristoteles glaubte, aktuale Unendlichkeiten könnten in der Natur nicht existieren.

Es ist verführerisch, das Universum als eine potentielle Unendlichkeit zu betrachten: etwas, was sich unendlich in alle Richtungen ausdehnt. Physiker sind sich jedoch nicht sicher, dass das der Wahrheit entspricht, oder ob das Universum tatsächlich endlich ist.

10.2 Unendlichkeit in der Natur

Man muss zugeben, dass kein menschliches Wesen je Unendlichkeit erlebt hat, aber könnte sie tatsächlich existieren?

Wissenschafter nehmen meist an, dass die Vorhersage einer aktualen Unendlichkeit auf der Welt aufgrund der verwendeten mathematischen Modelle ein Problem darstellt. Vielleicht ist das Modell zu einfach und die Unendlichkeit würde verschwinden, beeinhaltete sie mehr Informationen. Oder vielleicht gilt die Theorie nicht mehr an dem Punkt, wo die Unendlichkeit vermutet wird.

Es gibt jedoch einige Prognosen von **Unendlichkeit in der Natur**, die den Wissenschaftern plausibel erscheinen. In der Kosmologie deutet die Theorie zum Beispiel darauf hin, dass das Universum mit dem Urknall begann, als es unendlich dicht, unendlich klein und unendlich heiß war. Die Theorien lassen auch schwarze Löcher vermuten. Diese müssten auch heute noch existieren – und tatsächlich besteht die Vermutung, dass sich im Zentrum fast jeder Galaxie ein solches befindet. Schwarze Löcher sollen unendliche Dichte und unendliche Anziehungskraft in ihrem Mittelpunkt aufweisen.

„Die Vergangenheit ist endlich, die Zukunft ist unendlich." (Edward Hubble, der Erste, der 1937 die Ausdehnung des Universums beobachtete.

Aber wie sieht Unendlichkeit aus, sollte sie existieren? Ganz sicher werden wir nie erfahren, wie das Innere eines schwarzen Lochs aussieht: Es wird unserer Beobachtung durch den Horizont entzogen – jener Raum, der sich rund um ein schwarzes Loch befindet und der den Punkt bezeichnet, an dem sich nichts, auch nicht Licht oder Information, dem Zug der Gravitation entziehen kann.

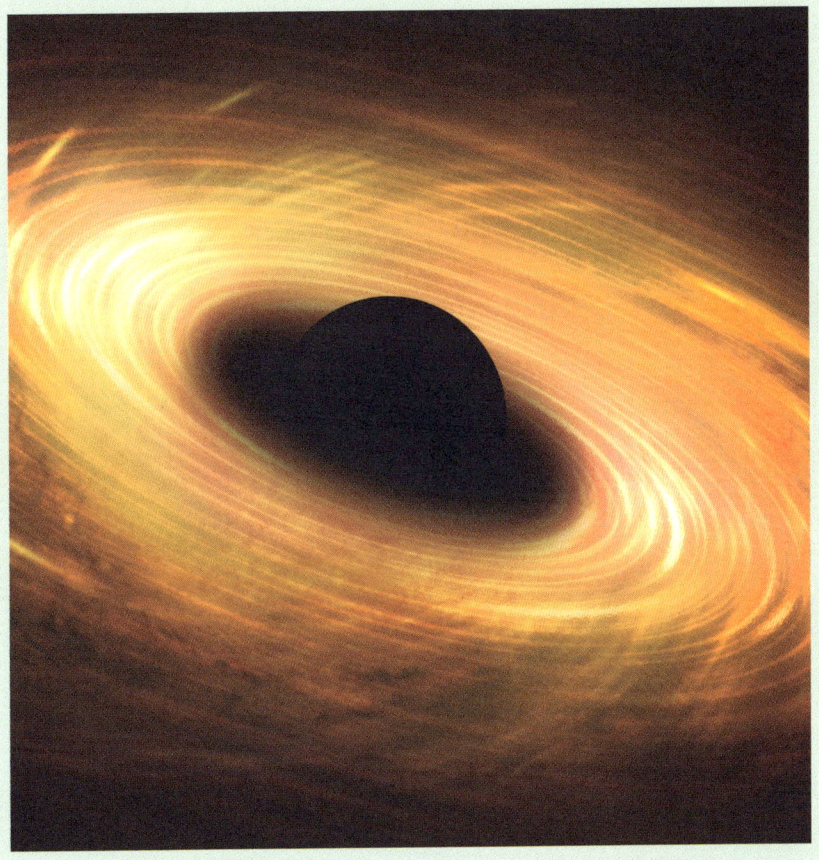

Während viele Wissenschafter den Vermutungen über die Unendlichkeiten mit einem gewissen Grad an Skepsis gegenüberstehen, glauben andere, dass es reale physikalische Unendlichkeiten gibt und sie eine wichtige Rolle im Aufbau des Universums spielen.

10.3 Fraktale

Fraktale sind selbstähnliche Strukturen mit derselben Komplexität, egal wie sehr man sie verkleinert. Viele unter ihnen stammen von einfachen (und doch unendlichen) Prozessen.

Man teile ein Quadrat in neun kleinere Quadrate und entferne das mittlere Quadrat, sodass acht Quadrate übrig bleiben. Man teile jedes davon wieder in neun kleinere Quadrate und entferne wieder das mittlere. Das ergibt $8 \times 8 = 64$ kleinere Quadrate. Man wiederhole diesen Vorgang ad infinitum: Bei jedem Schritt teile man das Quadrat in neun kleinere und entferne das in der Mitte liegende.

Wenn man damit fertig ist (offensichtlich wird das nie der Fall sein, aber man kann ja seine Fantasie benutzen), bleibt eine seltsame Form, nennen wir sie X, die **selbstähnlich** ist – sie sieht immer gleich aus, egal wie sehr man sie verkleinert. Der Grund dafür ist, dass man denselben unendlichen Vorgang (Quadrate zu entfernen) auf jedes Quadrat der Konstruktion anwendet.

Die Form X ist so voller Löcher, dass sie überhaupt keine Fläche mehr aufweist. Da also keine Fläche existiert, kann X nicht als zweidimensional bezeichnet werden. Andererseits ist X viel komplexer als jede eindimensionale Gerade oder Kurve. Mathematiker erstellten eine neue Definition von Dimensionen dieser Art seltsamer Objekte – und gemäß dieser neuen Definition hat unsere Form X eine Dimension von 1,8928.

Ein Fraktal wird definiert durch die Tatsache, dass sie keine ganzzahlige, sondern eine gebrochene Dimension haben.

Der Sierpiński-Teppich

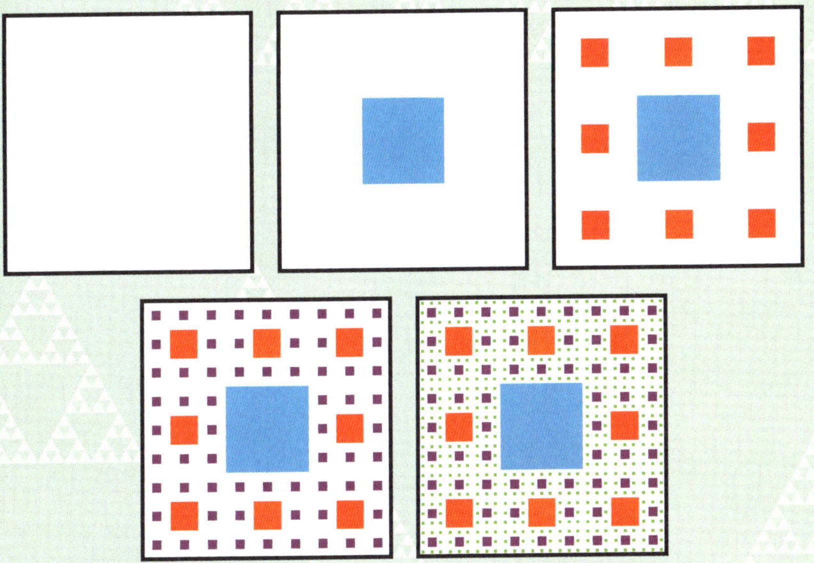

Die ersten Schritte zur Form *X*. Man nennt es den Sierpiński-Teppich – nach Wacław Sierpiński, der die Form 1916 erstmals beschrieb. Das Fraktal im Hintergrund dieses Bildes entsteht durch einen ähnlichen Vorgang, jedoch mit einem Dreieck statt eines Quadrates als Ausgangsform.

10.4 Mächtigkeit

Es ist möglich, die „Größen" von zwei unendlichen Mengen zu vergleichen, indem man schaut, ob man die Elemente, aus der sie bestehen, paarweise anordnen kann.

Man stelle sich einen Raum vor, voll mit Menschen und Sesseln. Kann jede Person auf genau einem Sessel sitzen und es bleibt kein Sessel übrig, dann weiß man, dass es genau so viele Sessel wie Menschen gibt.

Mathematiker wenden denselben Gedanken auf eine unendliche Anzahl von Dingen an – zum Beispiel eine unendliche Menge von Sesseln und eine unendliche Menge von Menschen. Wenn es eine Möglichkeit gibt, jedes Element einer Menge einem Element der anderen Menge paarweise zuzuordnen, und es bleibt kein Element in einer der beiden Mengen übrig, dann sagt man, beide Mengen haben dieselbe „Größe" oder **Mächtigkeit**. Das ergibt zwar Sinn, kann aber zu seltsamen Resultaten führen. Man beachte, dass man jede gerade Zahl paarweise mit den natürlichen Zahlen anordnen kann:

2 mit 1, da es die erste gerade Zahl ist,
4 mit 2 , da es die zweite gerade Zahl ist,
6 mit 3, da es die dritte gerade Zahl ist

und so weiter. Die oben stehende Definition bedeutet, dass die Menge an geraden Zahlen dieselbe Mächtigkeit aufweist wie die Menge aller positiven, natürlichen Zahlen – auch wenn man glauben möchte, dass es nur halb so viele seien! Es ist zwar ein seltsames, aber von Mathematikern schlussendlich akzeptiertes Ergebnis.

Galileo Galilei wurde das Nachdenken über Unendlichkeit durch solche Resultate verleidet.

Eine unendliche Zahl von Leuten auf einer unendlichen Zahl von Sesseln. Die zwei unendlichen Mengen können, was die Größe anbelangt, verglichen werden und haben dieselbe Mächtigkeit.

10.5 Abzählbare Unendlichkeit

Wie zählt man Unendlichkeit? Offensichtlich mit natürlichen Zahlen . . .

Haben Sie als kleines Kind je versucht, bis zur Unendlichkeit zu zählen? Obwohl es noch niemandem gelungen ist, handelt es sich doch nicht um ein so törichtes Unternehmen, wie man auf den ersten Blick vermuten möchte.

Die Unendlichkeit der natürlichen Zahlen ist die erste, der die meisten von uns begegnen. Auch wenn man es als schwieriges Konzept erachtet, ist es doch eine nette, ordentliche Art von Unendlichkeit. Wir haben eine genaue Vorstellung, wie man dorthin kommen könnte: Man beginnt bei 1, dann 2, dann 3, dann 4 und so weiter.

Die Eignung, die natürlichen Zahlen in solch einer wohlgeordneten, gründlichen Art aufzulisten, brachte den deutschen Mathematiker Georg Cantor (1845–1918) auf die Idee, es als **abzählbare Unendlichkeit** zu bezeichnen. Und es sind nicht nur die natürlichen Zahlen, die abzählbar unendlich sind. Man kann auch die gerade Zahlen ordentlich auflisten (siehe Unterkapitel 10.4) – zuerst 2, dann 4, dann 6, dann 8 und so weiter. Ähnlich verfahren kann man mit den ungeraden Zahlen (die n-te Zahl auf der Liste ist $2n - 1$). Wenn man tatsächlich die Elemente einer unendlichen Menge auf diese Weise aufzulisten vermag, dann kann man sie auch mit den natürlichen Zahlen paarweise anordnen – die erste Zahl auf der Liste mit 1, die zweite mit 2 und so weiter. So eine Menge hat dieselbe „Größe" oder Mächtigkeit wie die natürlichen Zahlen und ist deshalb abzählbar unendlich.

Die abzählbare Unendlichkeit der natürlichen Zahlen ist die kleinste Unendlichkeit.

Hilberts Hotel ist ein Gedankenexperiment, bei dem jede endliche Zahl *n* an neuen Gästen untergebracht werden kann, indem jeder *n*-Zimmer weiter umzieht. Das erlaubt die Unterbringung einer zählbaren Unendlichkeit von neuen Gästen.

10.6 Rationale Zahlen und Unendlichkei

Mengen, die auf den ersten Blick kleiner oder größer als die natürlichen Zahlen erscheinen, können tatsächlich ebenfalls abzählbar unendlich sein.

Eine der seltsamen Eigenschaften der abzählbaren Unendlichkeit ist, dass Mengen, die offensichtlich kleiner scheinen als die der natürlichen Zahlen, tatsächlich dieselbe „Größe" oder Mächtigkeit haben. Zum Beispiel ergibt die Liste der geraden Zahlen sofort eine paarweise Anordnung mit den natürlichen Zahlen (siehe Unterkapitel 10.4).

Man kann auch eine komplette Liste der rationalen Zahlen erstellen – das heißt, als Bruch p/q, wobei p und q natürliche Zahlen sind. Auf den ersten Blick mag das unmöglich erscheinen, denn es gibt schon unendlich viele Brüche nur zwischen den natürlichen Zahlen 1 und 2: 1/2, 1/4, 1/8, 1/16 und so weiter. Aber es gibt eine intelligente Art, sie zu zählen, die zeigt, dass auch rationale Zahlen abzählbar unendlich sind.

Um dies auszuführen, schreibt man die rationalen Zahlen in einen Raster, wobei die Zahl in Reihe i, Spalte j die Zahl i/j ist. Der Raster beinhaltet jede rationale Zahl, darunter viele Wiederholungen wie 1/1 = 2/2 = 3/3 und so weiter. Dann kann man die Liste der rationalen Zahlen erstellen, indem man der Schlangenlinie folgt, wie auf der gegenüberliegenden Seite abgebildet. Es gibt auch da einige Wiederholungen, aber man kann jede Zahl, die bereits vorher abgebildet wurde, ausscheiden. Was bleibt, ist eine paarweise Anordnung der natürlichen Zahlen mit den rationalen – somit sind rationale Zahlen ebenfalls abzählbar.

Der deutsche Mathematiker Georg Cantor bewies in den 1870er Jahren als Erster diese Theorie.

Arbeiten mit rationalen Zahlen

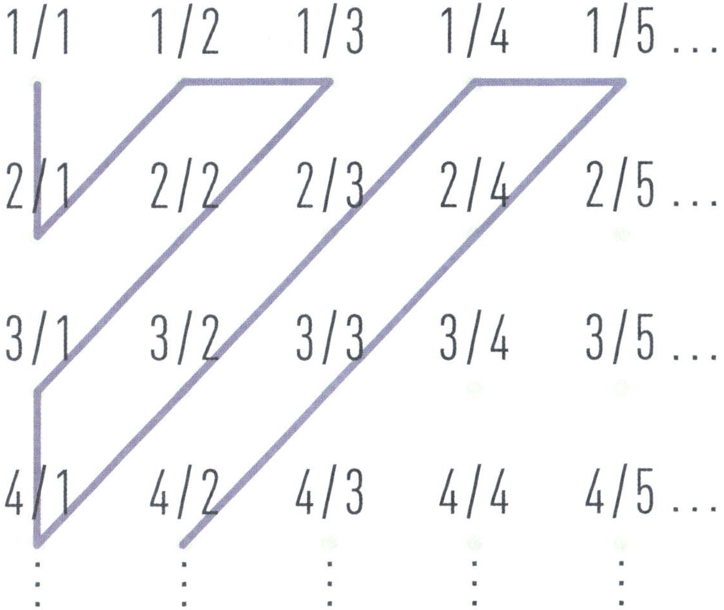

1/1	1/2	1/3	1/4	1/5 …
2/1	2/2	2/3	2/4	2/5 …
3/1	3/2	3/3	3/4	3/5 …
4/1	4/2	4/3	4/4	4/5 …
⋮	⋮	⋮	⋮	⋮

Mit diesem Raster ist es möglich, eine gut geordnete, vollständige Liste der rationalen Zahlen zu erstellen.

10.7 Überabzählbare Unendlichkeit

Es existiert eine Unendlichkeit, die „größer" als die der natürlichen Zahlen ist. Man nennt sie überabzählbare Unendlichkeit.

Die reellen Zahlen sind alle Zahlen, die sich auf der Zahlengeraden befinden, einschließlich der natürlichen, negativen, rationalen und irrationalen Zahlen. Stellt man sich ein unendlich langes Lineal vor, dann entspricht jeder Punkt auf dem Lineal einer reellen Zahl und jede reelle Zahl steht für einen Punkt auf dem Lineal.

Die natürlichen Zahlen bilden eine Menge von unabhängigen Punkten mit dem Abstand 1 auf unserem unendlichen Lineal. Das lässt vermuten, dass die Unendlichkeit der reellen Zahlen „größer" ist als die Unendlichkeit der natürlichen Zahlen: Diese haben identische Abstände zwischen einander, während die reellen Zahlen es schaffen, diese Abstände dazwischen zu füllen. Sie bilden ein **Kontinuum**.

Diese Vermutung stellt sich als richtig heraus. Man kann eine Liste der reellen Zahlen erstellen, auf der man sie paarweise mit den natürlichen Zahlen anordnen kann. Wie man im nächsten Unterkapitel erfahren wird, bleibt bei so einer Liste zwangsläufig mindestens eine reelle Zahl auf der Strecke. Das bedeutet, dass die Menge der reellen Zahlen eine größere Mächtigkeit besitzt als die Menge der natürlichen Zahlen. Das nennt man die **überabzählbare Unendlichkeit** der reellen Zahlen.

Jede unendliche Menge, die nicht eins-zu-eins den natürlichen Zahlen entspricht nennt man „überabzählbar".

Sogar die reellen Zahlen zwischen 0 und 1 sind überabzählbar unendlich.

Unendlichkeiten innerhalb der Unendlichkeit

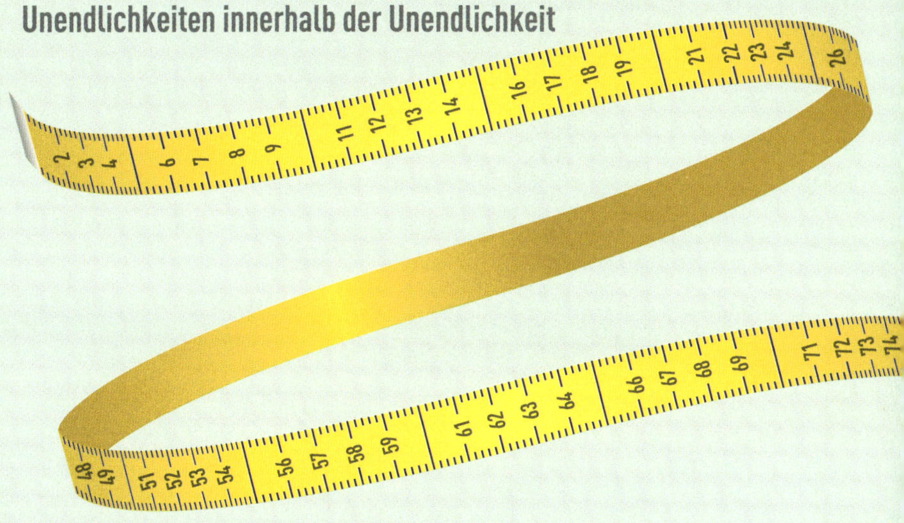

Dieses Messband erfasst auch alle irrationale Zahlen, darunter:

$$\sqrt{2} = 1.414213562373095\ldots$$

$$e = 2.718281828459045\ldots$$

$$\pi = 3.141592653589793\ldots$$

Die reellen Zahlen, die dieses Messband repräsentiert, beinhalten alle Zahlen, die die üblichen Marker wie 1, 2 und 3 aufweisen, sowie einige Zahlen dazwischen – wie 1,4; 2,8; 3,2 etc. Versteckt zwischen diesen Markern sind die irrationalen Zahlen, darunter $\sqrt{2}$, e und π.

10.8 Reelle Zahlen und Unendlichkeit

Mit einem Beweis durch Widerspruch ist es möglich, nachzuweisen, dass die reellen Zahlen überabzählbar sind.

Nehmen wir an, dass die **reellen Zahlen** abzählbar sind – das heißt, man kann sie eins-zu-eins paarweise mit den natürlichen Zahlen anordnen. Somit könnte man eine komplette Liste aller reellen Zahlen erstellen, zum Beispiel möglicherweise beginnend mit: 0,23456 . . .; 3,67896 . . .; -6,65434 . . . ; 0,8566 . . . etc., wobei die Punkte angeben, die Ausdehnung der Dezimalstellen könne unendlich weitergehen. Offensichtlich wird diese Liste unendlich lang werden. (Man muss auch die Zweideutigkeiten berücksichtigen, zum Beispiel, dass 0,999. . . = 1 ist, aber das ist leicht.)

Nun erstellt man eine neue Zahl, ausgehend von 0, gefolgt von Dezimalstellen, bestehend aus der *ersten* Dezimalstelle der ersten Zahl, gefolgt von der *zweiten* Dezimalstelle der zweiten Zahl etc.: 0,2746 . . . in unserem Beispiel. Nun erhöht man jede Dezimalstelle um 1 (oder schreibt 0, wenn es sich um 9 handelt), das ergibt in unserem Fall: 0,3857 . . .

Diese Zahl unterscheidet sich von der ersten auf der Liste, da sie sich in der ersten Dezimalstelle unterscheidet; von der zweiten Zahl unterscheidet sie sich in der zweiten Dezimalstelle etc. Tatsächlich unterscheidet sie sich von *allen* Zahlen auf unserer Liste, das heißt, sie kommt auf der Liste nicht vor. Das ist ein Widerspruch, da die Annahme lautete, unsere Liste enthielte *alle* reellen Zahlen. Deshalb ist unsere anfängliche Vermutung falsch und die reellen Zahlen sind überabzählbar.

Der Beweis ist nach dem Mathematiker Georg Cantor als Cantors zweites Diagonalargument bekannt.

Cantors zweites Diagonalargument

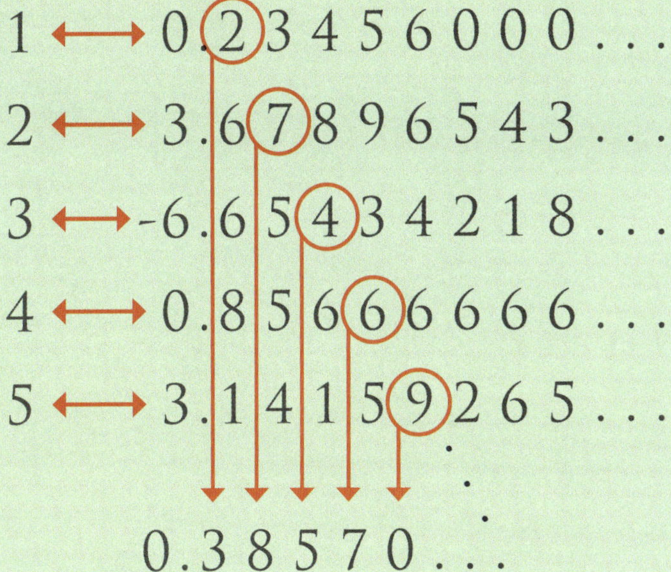

Cantors zweites Diagonalargument ist der mathematische Beweis, dass gewisse Zahlen existieren, die der unendlichen Menge der natürlichen Zahlen nicht eins-zu-eins entsprechen.

10.9 Cantors Paradies

Georg Cantor entdeckte unendlich mehr Unendlichkeiten als nur die abzählbare der natürlichen Zahlen und die überabzählbare der reellen Zahlen.

Eine *Menge* ist eine Ansammlung von Dingen. Zum Beispiel bilden die Zahlen 1, 2 und 3 eine Menge. Eine **Untermenge** einer Menge ist nur eine andere Ansammlung, möglicherweise kleiner, bestehend aus (einigen) gleichen Elementen. Untermengen aus dem Beispiel $S = \{1, 2, 3\}$ sind {1}, {2}, {3}, {12}, {13}, {23}, {123} und die leere Menge. Die Ansammlung der Untermengen einer Menge *S* bildet selbst eine Menge – man nennt sie die **Potenzmenge** von *S*.

Wie groß ist die Potenzmenge einer Menge? Die Mächtigkeit oder „Größe" (siehe Unterkapitel 10.4) einer Potenzmenge einer Menge *S* ist immer 2 hoch der Mächtigkeit von *S*. Das gilt für endliche Mengen wie im Beispiel: Die Mächtigkeit von S war 3, somit ist die Mächtigkeit der Potenzmenge von *S*: $2^3 = 8$.

Dies gilt auch für unendliche Mengen. Die Mächtigkeit der Potenzmenge der natürlichen Zahlen ist $2^{\aleph_0}$, wobei $\aleph_0$ ($\aleph$ ist das Hebräische Symbol Aleph) die Mächtigkeit der natürlichen Zahlen ist. Cantor bewies, dass die paarweise Anordnung der Elemente einer Menge *S* mit den Elementen der Potenzmenge niemals möglich ist: Die Mächtigkeit der Potenzmenge ist grundsätzlich immer „größer".

So bewies Cantor die Unendlichkeit von Unendlichkeiten. Ausgehend von der Menge der natürlichen Zahlen und deren fortlaufender Potenzmengen erhält man eine unendliche Liste von unendlichen Mengen, jede davon mit einer größeren Mächtigkeit als die vorhergehende.

Die reellen Zahlen haben dieselbe Mächtigkeit wie die Potenzmenge der natürlichen Zahlen.

Potenzmengen

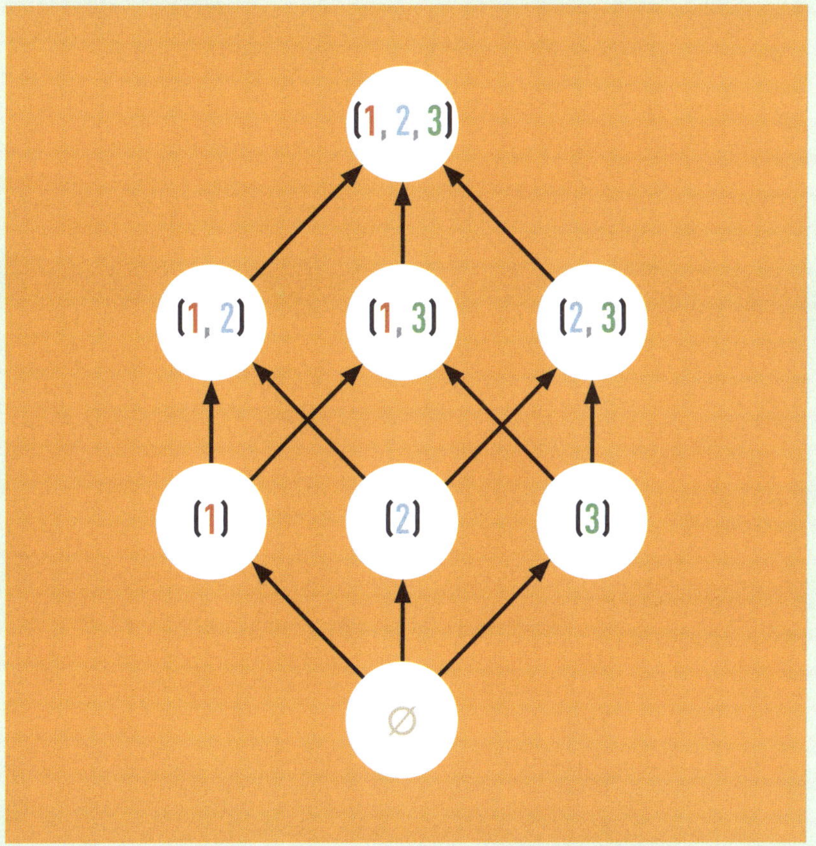

Cantor entwickelte für diese unendlichen Zahlen eine Arithmetik. Während dieses Werk viele Mathematiker mit Schrecken erfüllte, sagte David Hilbert: „Niemand darf uns aus dem Paradies vertreiben, das Cantor für uns geschaffen hat."

10.10 Die Kontinuumshypothese

Man weiß, dass die Mächtigkeit der natürlichen Zahlen grundsätzlich kleiner als die der reellen Zahlen ist – aber existiert eine weitere Unendlichkeit zwischen den beiden?

In den 1870er Jahren entdeckte Cantor die Hierarchien der Unendlichkeiten. Die erste, kleinste davon ist $\aleph_0$, die Mächtigkeit der natürlichen Zahlen.

Die nächste war die Mächtigkeit der reellen Zahlen: $2^{\aleph_0}$. Man weiß allerdings bis jetzt noch nicht, ob eine Unendlichkeit zwischen diesen beiden existiert.

Die **Kontinuumshypothese** (so genannt, weil die Menge der reellen Zahlen auch als „Kontinuum" bezeichnet wird) besagt, dass dem nicht so ist: Die nächstgrößere Unendlichkeit nach der Mächtigkeit der natürlichen Zahlen ist die der reellen Zahlen.

Eine konkretere Art, darüber nachzudenken, ist, sich zu fragen, ob eine Untermenge der reellen Zahlen mit einer Mächtigkeit zwischen $\aleph_0$ und $2^{\aleph_0}$ existiert.

Diese Frage bleibt bis heute unbeantwortet. Zudem ist bekannt, dass sie nicht im Rahmen der heute verwendeten mathematischen Axiome beantwortet werden kann (siehe Unterkapitel 9.10). Das regt manche Mathematiker auf, die meinen, dass dies eine wichtige Frage sei, die man beantworten können solle. So geht also die Jagd nach einem neuen Axiom, das die Kontinuumshypothese klärt, weiter.

Mit Cantors Werk begann in erster Linie die Mengenlehre – ein Gebiet, das auch heute noch floriert.

Im Gegensatz zu anderen berühmten Problemen, wie dem Großen Fermatschen Satz, könnte die Kontinuumshypothese nur durch fundamentale Veränderungen der Grundlagen der Mathematik bewiesen oder widerlegt werden.

Glossar

Allgemeine Lösung
Einzige Formel, die eine Lösung für eine ganze Familie von Funktionen einer besonderen Art vorgibt. Zum Beispiel gibt die quadratische Formel die Lösung für alle quadratischen Gleichungen vor

Axiom
Ohne Nachfrage akzeptierbare mathematische Aussage, als Prämisse für mathematische Beweise zu verwenden.

Beweis
Wasserdichtes logisches Argument, das die Wahrheit einer Aussage zeigt.

Chaos
Neigung dynamischer Systeme, unvorhersehbar zu sein.

Divergenz
Neigung Elemente mathematischer Folgen, sich der Unendlichkeit anzunähern.

Dynamisches System
System, das sich über die Zeit verändert wie zum Beispiel das Wetter

Fraktal
Form, die (annähernd) selbst-gleich und deren Dimension keine ganze Zahl ist.

Imaginäre Zahl
Vielfaches der fiktiven Zahl *i* (der Quadratwurzel aus –1). Die Zahl *i* kommt bei den reellen Zahlen nicht vor.

Gleichung
Ausgewogene mathematische Gleichheit – eine Beziehung, in der die Aussagen auf jeder Seite – Zahlen, Variable und Konstanten – zueinander gleich sind.

Grenzwert
Wert, gegen den eine Folge konvergiert.

Geometrische Reihe
Mathematische Reihe mit einem gemeinsamen Quotienten zwischen den aufeinanderfolgenden Aussagen.

Harmonische Reihe
Mathematische Reihe, in der das n-te Element $1/n$ ist. Die Reihe ist divergent und in direktem Zusammenhang mit den Obertönen und Harmonien in der Musik.

Infinitesimalrechnung
Zweig der Mathematik, beschäftigt sich mit Veränderung. Differentialrechnungen beschäftigen sich mit Veränderungsraten (ausgedrückt im Gefälle eines Graphen) – Integralrechnungen mit der Akkumulation von Mengen in Zusammenhang mit sich ändernden Situationen (ausgedrückt im Bereich unter dem Graphen).

Irrationale Zahl
Reelle Zahl, die nicht als Bruch geschrieben werden kann.

Konstante
Jede Zahl mit einem bestimmen, unveränderten Wert, die in einer mathematischen Gleichung auftaucht oder allgemein mathematisch signifikant ist.

Konvergenz
Neigung von Ausdrücken in einer mathematischen Folge oder Reihe, sich einem einzelnen Grenzwert anzunähern.

Koordinaten
Referenzsystem, das die Definition einzelner Punkte – zum Beispiel auf einer zweidimensionalen Fläche oder in einem dreidimensionalen Raum erlaubt.

Menge
Ansammlung von Objekten wie Zahlen oder geometrischen Figuren. Die abstrakten Eigenschaften einer Menge zu betrachten, zählt zu den grundlegendsten Bereichen der Mathematik.

Natürliche Zahl
Eine der Zahlen zum Zählen 1, 2, 3 etc.

Partialsumme
Summe aller Ausdrücke in einer mathematischen Reihe bis zu einem bestimmten Element.

Polygon
Form auf einer Ebene, begrenzt von einer Anzahl gerader Linien.

Potenz
Hochgestellte Zahl als Exponent nach einer anderen Zahl, die anzeigt, wie oft die Zahl mit sich selbst multipliziert werden soll.

Primzahl
Zahl, die nur durch sich selbst und 1 geteilt werden kann

Produkt
Ergebnis der Multiplikation von zwei oder mehr Zahlen.

Rationale Zahl
Zahl, die man als Bruch schreiben kann.

Reelle Zahl
Zahl, die einen Punkt auf einer Geraden repräsentiert, die von minus unendlich bis plus unendlich verläuft.

Reihen
Summe mit unendlich vielen Elementen.

Selbstähnlichkeit
Eigenschaft eines Objektes, wobei das Ganze ähnlich oder identisch mit einem Teil von sich ist, sodass dieselben Eigenschaften in vielen Maßstäben auftreten.

Stellenwertsystem
Schreibweise von Zahlen, wobei der Wert jedes Symbols von der Position abhängt.

Symmetrie
Eigenschaft eines Objekts (wie geometrische Figuren), wobei sie bei Veränderungen wie Rotation, Reflexion oder Translation unverändert bleiben.

Unentscheidbare Aussage
Aussage mathematischer Logik – durch angenommene Axiome eines Systems weder beweisbar noch widerlegbar.

Untermenge
Menge, dessen Elemente alle Elemente einer anderen Menge sind.

Variable (Abhängigkeit)
Element einer Gleichung, dessen Wert entweder zufällig oder unbekannt ist, gewöhnlich geschrieben als Buchstabe x oder y. Variable können abhängig oder unabhängig sein. Die Werte abhängiger Variablen beruhen auf Werten einer oder mehrerer anderer.

Register

Danksagung

Der Autor bedankt sich bei allen Beteiligten am „Millennium Mathematics Project" (mmp.maths.org) und *Plus Magazine* (plus.maths.org) dafür, dass sie es ermöglichten, die wunderbare Welt der Mathematik in den letzten 15 Jahren zu erforschen.

Bildnachweis

Quantum Books Limited bedankt sich bei nachstehenden Personen und Institutionen, die Bilder für dieses Buch zur Verfügung gestellt zu haben:

7, 51 Jos Leys – www.josleys.com; 15 Königlich-Belgisches Institut für Naturwissenschaften, Brüssel; 47 Charles Trevelyan; 63 DEA PICTURE LIBRARY; 71 Shyshell; 75 The Opte Project; 81 Adam Cunningham und John Ringland via Wikipedia; 87 Shutterstock/Hadrian;
93 Shutterstock/keko-ka; 105 Wikimedia Commons; 111 Shutterstock/images72; 113 Shutterstock;Robert Adrian Hillman; 119 Shutterstock/studiostoks; 125 Shutterstock/Yuganov Konstantin; 129 Shutterstock/isak55; 135 Shutterstock/IR Stone; 145 Eric Gaba (Sting) via Wikipedia; 149 Shutterstock/Dan Breckwoldt; 151 Adam Weyhaupt, Southern Illinois University Edwardsville; 159 Shutterstock/konmesa; 165 Shutterstock/Carlos Amarillo; 175 Wikimedia Commons; 183 Shutterstock/Chantal de Bruijne; 185 User:Dschwen. via Wikipedia; 187 Shutterstock/romvo; 189 Ve4cib via Wikipedia; 191 Michael G. Devereux; 193 Wikimedia Commons; 195 Wikimedia Commons; 201 Shutterstock/block23; 207 Wikimedia Commons; 209 Shutterstock/Mara008; 211 Shutterstock/Anna Bogatireawa; 217 Shutterstock/TijanaM; 221 Shutterstock/Alexei Novikov; 223 EMILIO SEGRE VISUAL ARCHIVES/AMERICAN INSTITUTE OF PHYSICS/SCIENCE PHOTO LIBRARY; 231 Shutterstock/Anton Jankovoy;
233 Shutterstock/Hallowedland; 237 Shutterstock/Ficus777.

Es wurde jede Anstrengung unternommen, die Beitragsgeber zu würdigen, Quantum Books Limited entschuldigt sich für jedwede Auslassung oder Fehler und erklärt sich erbötig, Korrekturen in zukünftigen Ausgaben des Buches anzubringen.